JN099002

現場に生きる

仕事への拘りと誇りを胸に

岡田晴彦 著

発行：ダイヤモンド・ビジネス企画
発売：ダイヤモンド社

はじめに――現場の使命

私には、今まで数多くの製造の現場、生産の現場、そうして創造の現場を取材する中で学んだ一つの理（ことわり）がある。

それは、現代社会はすべて誰かの懸命な仕事によって成り立っているということである。

私が、さまざまな企業に取材をお願いし、そこで働く人々の声を聴き、こうして原稿を書かせていただいている目的もそのことを伝えるためだ。

誰も知らない、誰も見ていない、誰にも知らされない仕事があり現場がある。そして、そこでは、生活の中の数えきれない普通を支える「思い」と「行動」があるのだ。

本書のテーマはまさにそこにある。そして、その物語は、時に地中を這（は）い、空を駆ける電線である。

夜空に、月が輝き、星々が煌（きら）めく。

夜の帳（とばり）が下り、家々の窓に電気の灯（あか）りが燈る。

スイッチを入れれば、灯りが燈る。

多くの都市で町で当たり前のように電気は使われている。

その当然が、ある日突然失われてしまったら――。


二〇一九（令和元）年九月九日早朝――。

この日、千葉県千葉市付近に上陸した台風一五号により、関東地方は甚大な被害に見舞われた。東京都で死者一名が出た他、一都七県で一五〇名が重軽傷を負い、このうち八二名が千葉県で被災している。また、この台風により七万四九一一棟が罹災（りさい）しているが、全壊した住家三四二棟のうち、約九割の三一四棟が千葉県内であった（内閣府「令和元年台風第一五号に係る被害状況等について」令和元年一二月五日現在）。

さらに――千葉県内では、送電鉄塔二基と電柱八四本が倒壊し、推計約二〇〇〇本の電柱が損傷した。これにより、関東の広域で停電が発生し、特に千葉県内では、野田市・我孫子市・浦安市の三市を除くすべての自治体で停電が発生した。同九日午前八時のピーク時で、千葉県内の停電地域は約六四万戸に及んだ。

天災である。――その後の復旧は異例ともいえる長期間に及んだ。台風の通過から一週間以上経過した同一七日午後七時の時点で、六万六〇〇〇戸余りがなおも停電し続けてい

災害復旧

た。その間、通信網が途絶した地域からは被害の報告ができなかったこともあり、状況が正確に把握できていない状態が続いたのである。

電力は、水道・ガスなどと並んで最重要のライフラインである。また、千葉県は神奈川県・埼玉県とともに日本の首都である東京都を取り巻く首都圏の一角だ。首都圏の電力復旧に半月以上もかかるなどということを、それまでに一体誰が想像しただろうか。

さらに、それからわずか一カ月後に襲来した台風一九号は、その勢力も影響も桁外れであり、観測史上初といわれる記録的豪雨のために各地で河川が氾濫し、八〇名以上の尊い人命が失われる未曽有の大災害となったのである……。

日本列島の電力供給事業者は、北から順に、北海道電力、東北電力、東京電力、中部電力、北陸電力、関西電力、中国電力、四国電力、九州電力、沖縄電力のいわゆる「大手電力一〇社」がそれぞれの地方を管轄してきた。二〇〇〇（平成一二）年以降、電気事業法が段階的に改正されていき、二〇一六（平成二八）年四月一日より電力の小売り全面自由化が実施されたことで、大手一〇社以外にも新たな電力供給事業者が市場に参入しているが、主な一般電気事業者として挙げられるのは依然としてこの一〇社だ。

大手一〇社はそれぞれ、災害などの有事には管内で復旧に当たるが、今回のような大規模災害の発生時には、管轄外の電力会社へも応援要請がなされる。ちなみに、台風一五号の際には、中部電力にも応援要請がなされた。そこで、同社グループに属する設備工事会社の株式会社トーエネックも、中部電力の要請を受けて延べ二〇〇〇名以上の人員を管轄外の被災地に派遣していた。

トーエネックは戦時中の一九四四（昭和一九）年、軍需省の「電気工事整備実施要領」により、愛知・静岡・岐阜・三重各県の業者が集まって「東海電気工事株式会社」として産声を上げた（筆頭株主は、中部配電）。その後一九八九（平成元）年、現在の社名に変更し、二〇一九年一〇月に創立七五周年を迎えている。三つの元号をまたいで、四分の三世紀にわたってインフラを支え続けてきたことになる。

トーエネックの社員たちの仕事は、災害時の配電設備の復旧ばかりではない。人の目には見えない電線の地中敷設、大工場での電気・空調衛生・情報通信設備の構築、さらに電化が遅れている海外での作業まで、本書では、できる限りその現場で働く社員たちに会い、彼らの仕事、彼らの仕事に対する思い、その矜持に至るまで話を聞いた。

大きな山車（だし）が往来する尾張横須賀まつり。このまつりの安全を守るために考えられた電線や通信線などの地中化の秘策、そしてその設計と施工を担当した若い社員たちの情熱的な仕事。「安全」という当たり前を守るために、毎日毎日、続けられる中部国際空港の滑走路の灯りを守る防人たち。

最先端のオフィスビル群、世界最新鋭の製造の現場、それらを支える電気・空調衛生・情報通信設備など、その設計者や、施工をする技術者たち。そこにはかならず誰かのために流される汗がある。

そのとき――現場ではどんなことが起こっていたのだろうか。

そして、現場の最前線に立つ者たちの使命とは――。

「仕事」というひと言では簡単には片付けることのできない、仕事に対する人々の思いを描けていければ幸いである。

本書を人知れず黙々と働くすべての人たちに捧げたい。

二〇二〇年二月

岡田晴彦

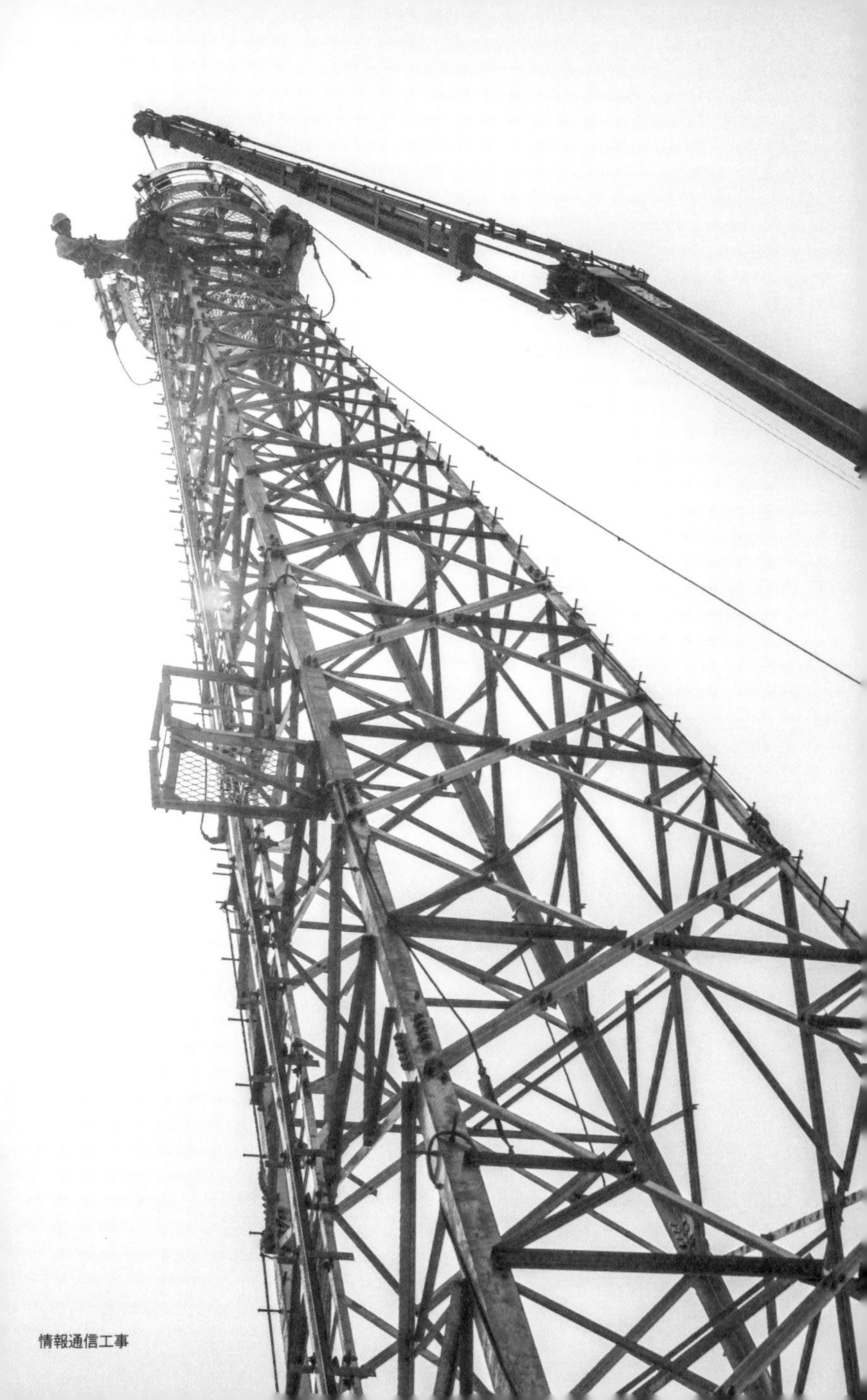

情報通信工事

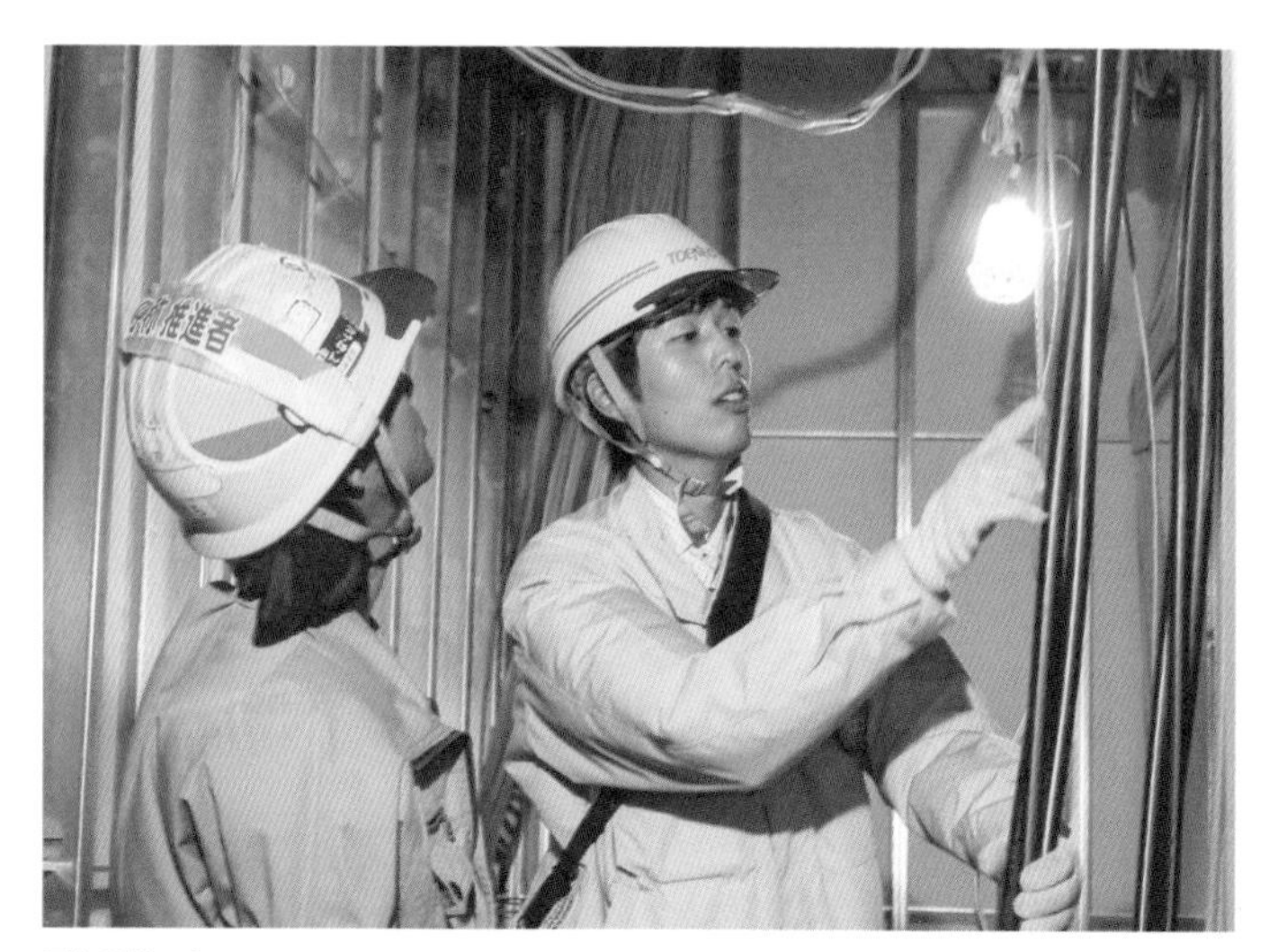

電気設備工事

海外事業

空調衛生設備工事

地中線工事

目次

第二章

快適環境を支える「誇り」

第三章

変わりゆく中で変わらずにある「もの」

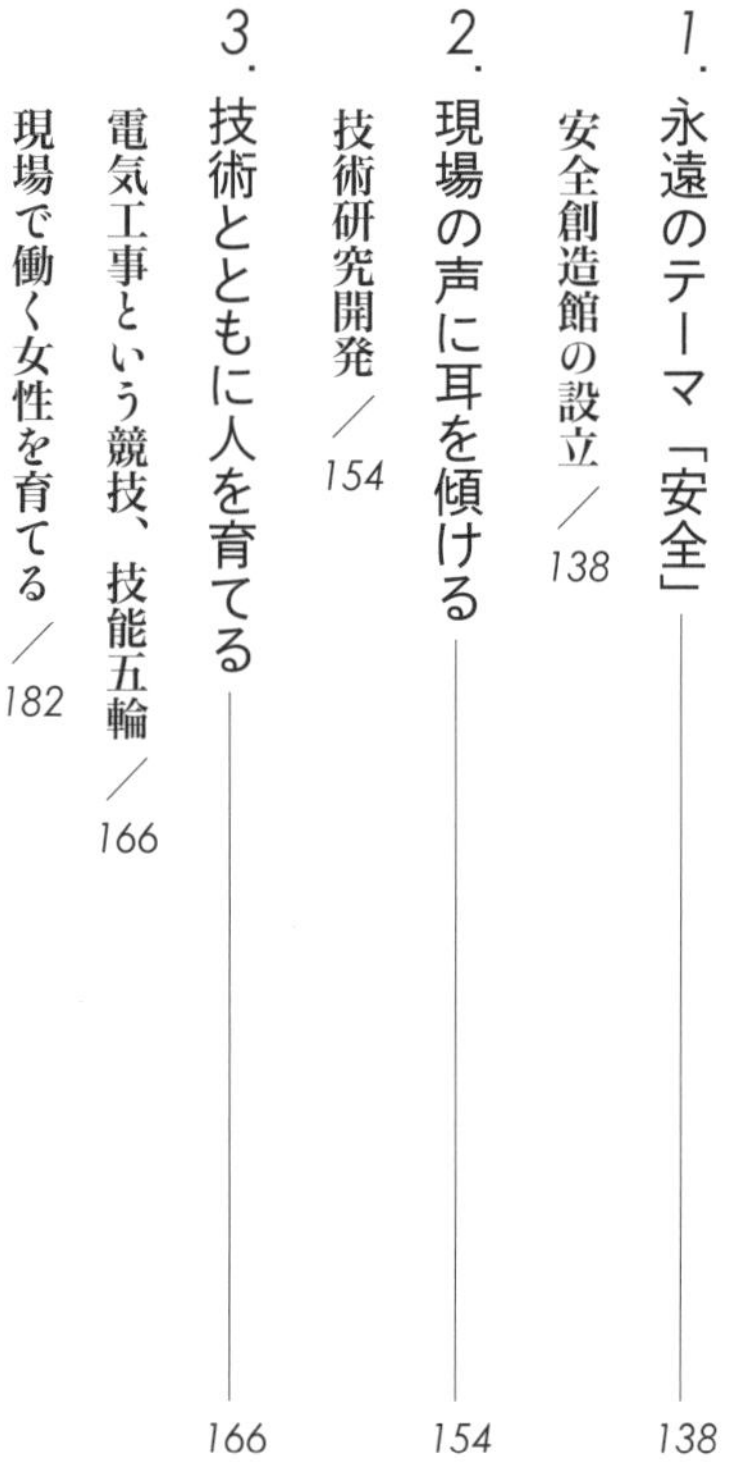

第四章

社会を支え、暮らしを守る一〇〇年企業へ

第一章

電力で「今」を支え「明日」を作る

1. 復旧の最前線に立つ者たち

平成三〇年台風二四号の災害復旧

「今までテレビなんかで自衛隊が災害復旧しているのを見て『すごいな』と思っていましたが、まさかこの会社に入って自分が同じような立場になるなんて思ってもみなかったです。こんな俺でも誰かの役に立てるんだって……。その喜びが俺にとっての原動力です」

そう語るのは、トーエネック浜北営業所の福嶋虎太郎だ。この後に紹介する、静岡県を襲った記録的な大型台風による災害復旧にあたった、配電部門の社員の一人である。中部電力のグループ会社であるトーエネックは、設備工事を仕事としている。そんなトーエネックの社員たちは、ライフラインを守ることは使命であると口を揃える。

「ゼロ災で行こう！」

「よし！」

トーエネック配電部門に属する現場作業員たちの一日は、この掛け声から始まる。

配電部門の仕事は、管区に張り巡らされた電力供給網、すなわち地上の電柱や電線、地下に埋設された電力ケーブルなどを維持管理し、異常や不具合があれば直ちに修理し、絶え間なく電力を届けることである。

同部門の社員たちは誇りを持って、この掛け声を「ゼロ災コール」と呼んでいる。ゼロ災、すなわち災害発生ゼロということだ。ある意味、危険と隣り合わせの職場だからこそ、万一の事故を防ぐためには、どれほど慎重に、細心の注意を払っても、し過ぎるということはない。災害復旧の現場で新たな事故が起これば、復旧作業は大きく遅れることになりかねない。それは、自分たちの仕事が、人々の毎日の生活を支えているのだという自覚と、彼らの持つ使命感の表れだと言えるだろう。

二〇一八（平成三〇）年九月四日正午頃――「非常に強い」勢力を保ったまま徳島県南部に上陸した台風二一号は、同日午後二時頃には兵庫県神戸市付近に再上陸し、若狭湾から間宮海峡へ抜けるまで近畿地方を中心に大きな被害をもたらした。

中部電力管内でも、愛知県、岐阜県など五県で約六九万五三二〇戸が停電している（九月四日一九時現在）。特に被害が大きかったのは岐阜県北部の飛騨市から岐阜県中央部の美濃市にかけての一帯で、山間部では倒木が折り重なって電線に倒れかかっている現場も多く、作業は難航した。トーエネックは中部電力と共同で懸命な復旧作業を続け、九月一一日早朝には復旧を完了した。

だが、それからわずか三週間後の同年九月三〇日午後八時頃、「大型で強い」勢力の台風二四号が和歌山県田辺市付近に上陸したのである。これにより、九州・四国・東海地方などでは大雨となり、三〇日夜から翌一〇月一日未明にかけて、愛知県、静岡県、山梨県では相次いで記録的短時間大雨情報が発表された。

中部電力管内では、延べ約一一九万一三二〇戸が停電し、特に富士川以西の静岡県内では、約七八万三七四〇戸と特に被害が大きかった。

静岡県で甚大な被害が出たこの日——同県浜松市浜北区にあるトーエネック浜北営業所ではどんなことが起こっていたか、復旧の最前線にいた関係者から話を聞いた。

大型で強い台風二四号が本州に接近しつつあった九月三〇日は、カレンダーで言えば日曜日に当たる。台風接近の影響もあり、朝から終日雨模様の天候だったが、浜北営業所の配電工事グループは通常営業で勤務していた。配電線工事は、現場周辺の道路の通行止めや停電など、近隣住民の生活に影響を及ぼす工事のため、時には休日に工事が行なわれることもあり、この日も工事が入っていたため営業所のメンバーは出勤していた。そして、計画に基づいて工事を滞りなく完了し、出勤メンバーたちもその日の業務を終えてそれぞれの現場から

二〇一八年に上陸した台風二四号の進路図

事務所に戻ってきた。

「台風が来ているらしい……」

「ああ。また、この間みたいなことになるかも……」

現場から営業所に戻る車中や事務所の更衣室では、そんな会話もささやかれていたが、この時、その後、未曾有の災害が起こることは誰も予見していなかったし、何も起こらないで欲しいと願う気持ちの方が強かった。何といっても、彼らの脳裏には、つい先日まで彼らを東奔西走させ、二週間前にようやく一段落ついたばかりの台風二一号の復旧作業が生々しく残っていたからだ。

「また、あんなことにならないと良いが……」

誰もがそう思っていた。ましてや、それ以上の事態などは想像したくもなかった。

しかし――彼らの思いとは裏腹に、その夜上陸した台風二四号は、進路を北東に向けて日本列島をほぼ縦断するコースをたどった。南西諸島及び東日本の太平洋側を中心に記録的な暴風となり、全国五五地点で観測史上一位を塗り替える最大瞬間風速を記録した。

台風上陸後間もなく、浜北営業所の配電工事グループで副課長を務める原田啓一の携帯電話が鳴った。営業所の工事グループ長からの電話で、用件は予想される台風被害の復旧対策の件だった。

「万が一の事態に備えて営業所内で待機をかける。すぐに来られるか？」

こうして、原田をはじめとする浜北営業所の社員たちは、早朝というよりも深夜に近い時間帯に事務所に集まった。この時点で、台風の中心はすでに静岡県を通過しており、雨もほぼやんでいたが、風はまだ強く吹き荒れていた。

すでにそこかしこで停電しており街灯も消え、周囲は真っ暗な闇に沈んでいた。常であれば、自宅から事務所まで、この時間帯ならクルマで五分とかからない距離だったが、いつもよりも慎重にクルマを走らせながら、原田は道沿いの深夜の市街地を見回した。

通り道沿いにあるコンビニエンスストアは、明かりが消えて店内は真っ暗だった。交差点では信号機が消え、あるいは強風を受けて見当違いの方向にねじ曲がっていた。この状況で、もし対向車が来たとしてもさすがにヘッドライトで気が付くだろうが、信号機の消えた幹線道路の交差点に突っ込む際は、自然とアクセルからブレーキペダルに足が移った。

道の両側は至る所で街路樹が折れていた。中には、歩道をふさぐように倒れている木もあった。突風で飛ばされた看板が地面にたたきつけられ、砕けたプラスチックの鋭い破片がそこらじゅうに飛び散っていた。

この道路状態は、原田の三時間ほど後に出勤した作業長の山田達也や、さらに一時間以上後に出勤した作業員の福嶋虎太郎も目にしているが、だんだん周囲が明るくなってくると、

浜北営業所 配電工事グループ
副課長　原田啓一

倒木や飛来物なども道路端によけられ、時間経過とともに多少は道が通りやすくなっていた。ただ、交通量が多くなるにつれて信号機が使えない影響も大きくなり、交差点では警官が懸命に交通整理する姿が見られた。

原田が浜北営業所に到着したのは、一〇月一日の午前三時少し前。すでに所長以下の中心メンバーがそろい、中部電力からの出動要請や動員可能な人員の確認など、具体的な対応が協議されていた。この時点では、今回の被害の全貌など想像もつかなかったが、少なくとも静岡県内の被害状況は、前回の台風二一号の比ではないことは誰の目にも明らかだった。

（いや、それどころじゃないぞ……）

原田は不吉な予感を覚えていた。彼は一九八八（昭和六三）年四月、トーエネックがまだ東海電気工事の社名であった年の新卒入社である。以来三〇年間、配電線工事一筋でキャリアを積み重ねてきて、現在は「工事管理者」と呼ばれる立場にあった。工事管理者とは、管内全域の各現場に散らばって作業をしているトーエネックやその協力会社の配電線工事チームを統括・指揮・支援などする担当者である。現場をスムーズに回せるようになるまでには豊富な現場経験が必要だった。

長年この仕事を続けてきて、災害復旧はそれこそ何度となく経験している原田であったが、今回の台風二四号は、かつてない規模の被害となるかもしれないと肌身で感じていた。

浜北営業所 配電工事グループ
作業長　山田達也

浜北営業所 配電工事グループ
福嶋虎太郎

一九九九（平成一一）年に愛知県豊橋市で竜巻が発生したときの現場も強烈な印象が残っているし、九州で大きな台風被害があったときに中部電力の要請で一週間ほど復旧応援で出張したこともあった。そんな百戦錬磨の原田であったが、自身が勤務する浜北営業所の地元である浜松市で、これほどの被害が出ることになろうとは予想もしていなかったのである。

中部電力からは、管内の停電状況の知らせが逐一入ってきていた。また、家の近い従業員たちや協力会社のメンバーが次々に事務所に駆け付けていた。さらに、連絡のつかない者には、安否確認を続けるよう指示していた。緊急招集の連絡を受けて、浜北営業所に集まってきた人員の中に、山田の姿もあった。

山田、この時三二歳。地元の工業高校の電気科を卒業した二〇〇四（平成一六）年四月、電気工事の仕事に就きたくてトーエネックに入社した。トーエネックは第一志望であったそうだが、その理由は「休日数や初任給額などの勤務条件が良かったから」だという。

社歴一四年目を迎えた山田は、入社以来、配電線工事の業務に従事しており、まさにたたき上げの現場のプロフェッショナルである。今では、「作業長」と呼ばれる監督業務が中心で、高所作業車や電柱の上に登って作業している作業者を地上から指揮する立場にあった。

浜北営業所に到着したとき、山田は長年の経験から、今回の停電はかつて彼が経験したことのない大規模なものになるであろうことを予見していた。チームの作業員たちにはまだ経験の浅い若手もいることから、いつも以上に安全対策に注意を払わなければならない。十分に気を引き締めてかからなければ——と感じていた。

山田のチームが出動準備を進めているところへ到着したのが、入社二年目の福嶋虎太郎であった。福嶋もやはり工業高校の電気科出身で、二〇一七（平成二九）年四月に入社し、半年間の研修修了後、正式に浜北営業所に配属が決まった。この時点でまだ一九歳、配属されてちょうど一年が過ぎようとしていた。もともと勉強熱心で真面目な性格の福嶋は、この一年間、山田らの厳しい指導を受けて現場作業員として成長してきたものの、まだまだ経験不足であることは否めない。ましてや、今回はベテランの山田でさえ経験したことのない大規模停電であった。

この日の朝、いつも通りの時間に目を覚ました福嶋は、携帯に大量の着信履歴が入っていることに気付き、愕然（がくぜん）とした。

（これは、何かあったぞ……！）

大急ぎで支度して家を出ると、街の様子は尋常ではなく、台風はとっくに過ぎたというのに、何やら落ち着かない空気が立ち込めていた。

道路は混雑し、いつもなら一〇分もあれば到着する浜北営業所まで二〇分以上かかった。ようやくたどり着いてみれば、山田率いるチームのメンバーたちはすでに出動準備をほぼ終えており、福嶋が合流すると所内で打ち合わせをしてすぐに出発した。

向かった現場は、天竜区にある公園だった。ここは戦国時代の城跡で、春には桜の名所として花見客でにぎわう公園だったが、台風で木が倒れたため、電線が切れたり電柱が折れたりしていた。彼らが現場に到着したとき、すでに伐採業者が電柱に寄りかかるようにして倒れている大木を切り落とす作業を始めていた。山田の指示に従い、福嶋たちも一斉に準備に取り掛かった。

台風通過後のフェーン現象により気温は上昇し、風もほとんどないため、現場はひどく蒸し暑く、たちまち全身汗みずくになる。電線はどこをどうすればこうなるのか、と言いたくなるような無残なありさまだった。若い福嶋にとっては生まれて初めての経験であり、「なんだこれは……」と唖然(あぜん)とさせられたという。

山田は、自身がこれまでに経験した災害復旧の現場の中で、特に四年前に岐阜県高山市で起きた雪害による大規模停電のことを思い出していた。当時は高山営業所の要請を受けて応援要員として出張し、大雪の中で四日間泊まり込みでの作業となったが、今回は逆に、他の営業所に応援をお願いしなければならなくなりそうだ、と感じていた。

その頃、営業所では、原田が、他の営業所からの応援要員の受け入れ態勢を整えるのに奔走していた。実に、トーエネック社内と協力会社だけで最終的に延べ四〇〇〇名近い人員が

雪害の復旧作業の様子

静岡で復旧にあたったのである。作業員らを次々と現場へ配備し、停電箇所を可及的速やかに復旧させなければならない。配電工事にはさまざまな材料や工具が必要になる。営業所の敷地内には材料倉庫もあるが、これだけ広範囲で同時多発的に停電が発生すると、手持ちの材料はたちまち底を突いてしまう。そこで、中部電力に要請して必要な材料が手配された。また、応援要員たちに夜、宿泊してもらうためのホテルも確保しておく必要があった。

山田をはじめ各チームの作業長らは、現場に到着するとまず復旧本部となった浜北営業所へ連絡を入れ、状況を伝え、本部の指示を仰ぐとともに現場の様子を見ながら作業方針を検討する。作業が終わったら報告し、次にどこの現場へ向かうかの指示を受ける。一つの現場で作業にかかる時間は、被害状況や周辺環境にもよるので一概には言えないが、およそ数時間から半日程度。それを一日にいくつも完了していく。汗で重くなった作業服を着替える間もなく、次の現場へ向かう。それぞれの現場における動きは各作業長の判断に委ねられており、天候やメンバーの体力、手持ちの材料の減り具合などからその日の作業をどこまで続けるか、どこで打ち切るかの判断も作業長に一任されている。

現場は一瞬も油断できない状況だ。根っこからもがれた幹が電柱や電線によって地面にまで横倒しにならず止まっている姿は、一見、バランスがとれているかのように思えるが、いつどのようなことが起きてもおかしくない。倒れている木の幹や枝を切り落とすということは、バラ

災害復旧の様子

ンスを崩しにいくのと同じことだ。何がどう動きだすかできる限り想定して作業を行なうが、まったく油断はできない。自分の周囲三六〇度に全神経を集中させながら作業は行なわれた。

作業長は、メンバー一人ひとりの動きにまで気を配り、万一の事故が起きないように注意を払う。また、互いに声を掛け合う。緊張から次第に声が大きくなる。

「僕が現場でこだわっていることは、仲間に絶対ケガをさせないことです。ダメなものはたとえ若いのにうるさいと思われようとお構いなしにビシビシ言います。だって皆それぞれ大切な人がいる。そんな僕たちを待ってくれている人たちの元へ全員笑顔で帰ること、それが現場監督の務めだと思っているから」（山田）

こうした大規模災害時には、緊張感が高まる中、朝から晩までの作業が連日続くため、疲労が蓄積して思いがけない事故に繋がることもある。

福嶋が語るところによれば、今回の復旧工事でもっとも作業が大変だった現場は、高さ四～五mの崖上に立っていた電柱だという。切り立った崖の斜面に崖崩れ防止ネットが張られていて、電柱のある場所までたどり着くには、このネットを手掛かりに崖下からよじ登るしかなかった。最初にこの現場に到着した日には、間もなく日没となったため、福嶋たちはどうにか崖上までよじ登ったものの、真っ暗で何も見えず、むなしく引き揚げるしかなかった。翌朝、明るくなってから再度崖をよじ登って、作業は無事に終了したが、福嶋は崖を降りる際に、ロープから手を離したところでバランスを崩し、宙吊りになってしまったという。幸いケガはしなかったが、一瞬の油断が思いもよらぬ事故を招きかねないと自らを律する良い勉強になったという。

台風二四号の復旧作業は約一週間続いた。作業開始から二日目の一〇月二日午前七時の時点では、静岡県内では約一九万九八九〇戸、愛知県の三河地区でも約一万四六一〇戸など、中部電力の管内では計約二二万五四六〇戸がなおも停電していた。台風二一号の際と同様の山間部での倒木などだけでなく、風をさえぎるものがない海沿いのエリアで、強風により複数の電柱がなぎ倒されるなど、復旧作業はかなり難航することになった。

しかし、浜北営業所を本部として復旧作業に当たったトーエネックの各営業所や協力会社からの応援要員たちの懸命な作業により、当初の想定以上の早いペースで復旧が進んだ。

「中部電力と他の電力会社とでは、材料や使っている工具や工法の違いなどもあって、他の電気工事会社から応援に来た方は最初のうち、結構戸惑うこともあります。これは、我々が他の電力会社の担当エリアへ応援に行った場合も同様です。とはいえ、復旧は待ったなしなので、現地でのやり方を教わりながら、ある程度は自分たちのやり方も取り入れつつ、とにかく安全第一で作業を進めていくことになります」（原田）

多くの人々の力を結集した結果――中部電力が「エリア内のすべての停電が解消した」

と発表したのは、台風通過から六日たった一〇月六日午後五時五五分のことであった。

　このときの復旧作業を通じて、新卒二年目の若者であった福嶋虎太郎は大きく成長することになった。山田は次のように評価する。

「入社したての頃に比べたら、やるときはやるようになりましたね。前はどこか頼りなく感じるところもあったけど、今はだいぶ、きりっとして、いい顔で仕事をしていますよ。まだまだ、先輩たちからありがたい指導をいただくことも多いけど、それでどんどん成長していって、今度は自分が教える番になるのを期待しています」

　山田によると、この浜北営業所は、担当エリア内に山間部と市街地の両方が含まれているため、さまざまなシチュエーションの現場を経験することができ、作業員としての経験知を積みやすい営業所であるという。「ここで通用するようになれば、どこの営業所に行っても通用する」と山田は太鼓判を捺（お）す。

　福嶋は工業高校時代、通学路にトーエネックが作業している現場があり、そこで働く作業員たちの姿を見て「カッコいいな」と思ったことが入社を志望するきっかけだったという。ほんのささいな動機ではあるが、今では同じ作業服を着用し、同じ現場に出るようになった福嶋も、そのとき感じた憧れの気持ちは、今も胸に息づいている。

　最後に、山田がこんな言葉を漏らしたのが印象的であった。

静岡県内の市街地での復旧作業の様子

「現場によっては、近隣にお住まいの方と作業中に顔を合わせることもあります。こういう災害時には、何日も停電でご不自由をかけていることも多いので、順番に作業しているとはいえ、こちらとしては心苦しく思うこともあります。でも不思議と、『来るのが遅い』、『まだ直らないのか』と口に出して言われることってほとんどないんですよ。皆さん本当は大変な思いをしているのに、じっと我慢して待ってくださっている。我々が現場に到着したのを見た時、パッと顔を明るくしたり、安堵(あんど)の表情を皆さん浮かべます。そんな顔を見たら『あと少し待っててくださいね！　今、元に戻しますからね』って連日の作業の疲れなんてふっ飛んじゃいます。疲れているはずの被災地の方から逆にパワーをもらうこともあります」

配電部門におけるイノベーション

前節に登場した浜北営業所の三名は、トーエネックの組織で言えば配電部門の所属である。配電部門はトーエネックの会社組織内でも最大の部門であり、同部門の擁する現場作業員は約二六〇〇名に及ぶ。このうち、過半数の約一四〇〇名がトーエネックに直接雇用されている従業員であり、残りは協力会社ということになる。

「例えば、『台風が来る』というニュースがあると、我々は現場の末端に至るまで、必ず自分の所在を明らかにすることを義務としています。管内に上陸する可能性が高ければ、責任

災害復旧を指揮する営業所内の様子

者は事務所で待機します。曜日も勤務時間外も関係ありません。頭の中には担当地区内の地図があり、『どこそこが危ない』というようなことも常に意識しています」

そう語るのは、執行役員で配電本部の配電統括部長である佐田幸司だ。佐田は、配電本部の中でも、電柱の上に電線を架けて配電を行なう「架空線」と呼ばれる部門のトップである。

これは電力供給元である中部電力も同様であり、社長の大野智彦も同じことを語っていた。もっとも、大野社長の場合は「中部電力で最前線に近い部署にいたときは、台風が来れば真っ先に事務所へ駆け付けたものです。トーエネックの社長になって初めて、台風のときに自宅にいられるようになりました」と本人は語るが——実のところ、緊急時には必ず出社できるように待機しているという。

佐田は、大野社長と同じく中部電力の出身者である。

配電とは、読んで字のごとく「電気を配る」業務のことである。中部電力の所有する二〇〇カ所の発電所（水力・原子力・風力・太陽光）で作られた電気は、一旦変電所という施設に送られる。この、発電所から変電所への送電は、同じ中部電力グループの株式会社シーテックが担当している。そして、変電所から各家庭や、ビルや工場などの施設に電気を送るのが、トーエネックの役割である。

トーエネックは電柱（電力会社が所有する配電線を架ける柱を電柱または電力柱と呼び、NTTなどの通信会社が所有する電話線を架ける柱は電信柱と呼んで区別している。両方の線を架けている柱は共用柱という）などの「架空線」や、地下に配電線を敷設している「地中線」を通じて、変電所から電気をエンドユーザーの元へ届けている。台風などの自然災害では、発電所や変電所は無事でも、しばしばこの配電線が寸断されることで停電が発生することになる。強風による倒木などで配電線が切れることもあれば、電柱自体が折れることもある。

中部電力は、中部地方に属する静岡県（富士川以西）、三重県、愛知県、長野県、岐阜県の五県に電力を供給しており、トーエネックの営業圏もこの範囲が中心となる（ちなみに、富士川を挟んで以東は東京電力の管区となっており、配電設備も違えば周波数も異なる）。

現場作業員に求められる技術とは、ひと言で言えばその土地、その現場に合わせて最適なやり方で機器を設置できる技術である。電柱の上部には腕金という金属製の支えがあり、ここに配電線を架け、また変圧器などを取り付けている。だが、この腕金の位置は、必ずしもすべての電柱で一定ではない。むしろ、一本一本で微妙に違う。

その電柱の立っている土地の地盤や高低差、周囲の建物や樹木などの高さや密集状況などにより、機器の設置方法はそれぞれ違ってくる。

機械的に工業製品を組み立てるようなわけにはいかないのだ。熟練した技術者の職人技が要求されるのである。

「舗装道路などは一見平たんに見えても、実際には高低差がありますし、まして日本は国土の大半が山になっています。電柱にしても、真っすぐ立っているように見えますが、厳密に言えば垂直ではなく、一本一本微妙に傾斜がついています。だからこそ、現場で最適なやり方を判断して工事を行なう技術が必要なのです」（佐田）

工事には、正確さはもちろんのこと、スピードも要求される。屋内の電気設備工事の場合は、建物の建築工事の進捗（しんちょく）と並行しつつ、半年から一年以上という工期を組んで行なわれるのが普通だが、屋外の配電線工事は一日に数カ所の現場を施工していく。工事中は車道や歩道の通行止めなどの交通規制が実施され、また時には停電することもあるため、極力、作業による周囲への影響が少ないように、通常一カ所につき二時間以内、長くても半日程度のスパンで工事を完了させていく。作業は丁寧に正確に、それでいて迅速に仕上げることが求められる。

作業にはもちろんマニュアルがあり、現場作業員は全員研修でみっちりたたき込まれているが、実際の現場に出たらマニュアル通りのやり方では通用しない。やはり、一つでも多くの現場を経験し、さまざまな状況において「こういう場合はどうするのがいちばん良い

執行役員 配電本部
配電統括部長　佐田幸司

か？」と絶えず試行錯誤しつつ、ノウハウを身に付けていかなければならない。

多くの苦労の末に体得したさまざまなノウハウは、彼ら現場作業員の貴重な財産である。だが、人はいずれ年を取る。彼らが高齢のために現場を離れることになると、彼らが独自に身に付けたノウハウもまた失われてしまうことになりかねない。それだけに、未来に向けて技術を継承し続けることが重要になってくる。

「現場での作業を個人のマンパワーに頼らざるを得ないのは、我々の業界の弱点であるかもしれません。しかし、それだけの技術を持ったベテラン作業員がどれだけ社内にたくさんいるかが、その電工会社にとっては強みであると言っていいでしょう」（佐田）

前出の中部地方五県にまたがる営業圏内に全部で六六カ所あるトーエネックの営業所には、それぞれベテランの現場作業員がおり、日々の業務の中での若年者の技術指導や、台風や地震などの自然災害発生時における迅速な対応を可能としている。「電力」という現代社会に欠かせないライフラインを速やかに復旧させるには、それだけのマンパワーを社内に擁していることが大前提なのだ。

なお、緊急時に出動するのは、台風のような大規模災害だけに限らない。例えば、「トラックがぶつかって電柱が折れた」というような、小規模な事故による停電の場合であっても、やはり最寄りの営業所が対応することになる。深夜に発生した事故などは、夜の間にひっそりと工事を完了し、一夜明けたときにはすでに復旧していて、誰も停電していたことにさえ気付かない——ということも決して珍しいことではなく、むしろ、それこそがトーエネックの現場作業者にとって「あるべき姿」なのである。

その意味で、民間企業の従業員といっても、彼らの本質は消防隊員や自衛隊員などと同様に、あくまで公共の利益のために尽くす存在、縁の下の力持ちだと言えるだろう。しかし近年は人手不足に悩んでいる現状にある。トーエネックの場合はこのまま人手不足を補う策がなければ、前述の令和元年台風一五号、そしてその一カ月後、まさに本書の執筆中に日本列島を直撃した台風一九号のような激甚災害の復旧に、長時間を要す一因となり得る。

そもそも、配電線の工事は、二一世紀の現在もなお、昔ながらの人海戦術が主流である。現場ではさまざまな工具が導入され、作業環境が改善されてはいるが、作業を人の手で行なうことは今も昔も変わりがない。人の手で目の前の腕金に機器を一つひとつ据え付けていく。要するに「人手がかかって当たり前」の仕事だったのだ。

少なくとも、佐田が統括部長として配電本部に着任するまでは——。

それが今、少しずつ、改善されつつある。やや大げさに表現すれば、イノベーションだ。素人目に見て、劇的な変化とは映らないかもしれないが、現場の作業員一人ひとりにとっては、大きな変革期が訪れようとしているのである。

具体的には、トヨタ自動車の生産方式（ＴＰＳ）を導入した業務改善であり、工程の見直しと、材料や工具の改良とそれらの現場への投入を積極的に推進している。この「トヨタ式の業務改善」の取り組みは、前任の統括部長の時期に導入されたもので、当時は営業所の倉庫内の整理整頓といったところからスタートしたが、佐田の代になって適用範囲を拡大したのだという。

例えば、一つの現場を担当するチームの人員が、四人一組で動いているとして、これを三人一組のチームに再編するべく取り組んでいる。単純な人員削減ではなく、一人ひとりがより効率的な動きができるように作業プログラムを変更して、三人で四人と同等の作業がこなせるように改善しようというのである。これが実現すれば、例えば一つの営業所に二四人の人員がいるとして、現在は六カ所の現場で並行して作業しているのを、八カ所の現場で同じ作業を並行して進めることが可能となる。この営業所の担当する管区内に仮に一〇〇カ所の現場があるとして、現在は一チーム当たり一六〜一七カ所を回る必要があるが、改善後は一二〜一三カ所を回れば管区内の作業をすべて完了することができるようになる。すると、一日に四カ所は回れるとして、現状では四日かかっている作業が三日で終わる。

ひと口に作業プログラムの変更といっても、たやすいことではない。現場での役割分担や作業手順を一つひとつ見直し、安全性を担保した上で短時間化・省力化できる工程をすべて洗い出し、必要に応じて新しい手法や工具を開発・導入し、試行錯誤しながら実践し、実用化していく。地道で、根気のいる取り組みであり、現場作業の片手間でできる仕事ではない。

配電本部では佐田の肝いりで創設された、業務改善のために特化した特別メンバーが編成されている。配電技術部の工法・用品グループの通称かいぜんチームだ。スタート時は二名からだったが、すぐに四名となり、その後も少しずつ増員されて、二〇一九（平成三一）年四月時点でメンバーは八名となった。いずれも社歴一〇年以上のベテランぞろいであり、それまで所属していた営業所では稼ぎ頭であったから、彼らが現場から外れることに対し、一部から作業効率の低下を懸念する声も上がったという。しかし、現場作業をやりながらでは、改善のための試行錯誤などできようはずもない。いわば、近い将来に備えて絶対に必要な「先行投資」であると確信していた佐田は、自ら営業所を回って説得した。

「特別チームのメンバーに対しては『今、やっている仕事が正しいとは思わずに、柔軟な発想で、いろいろ試行錯誤しながら、人を減らしてもできる方法を考えてほしい』というふうに話しています。

ただ、これだけは断言しておきたいのは、『人を減らす』といっても、いわゆる経費削減のために人件費を圧縮することが目的ではない、ということです。現場の人員を減らすということはまったく考えていません。

しかし、今日の少子化・人口減少社会という現状を鑑みても、従来のような人海戦術が使えなくなる日は遠からずやってきます。いざそうなったとき、『人が足りないからできません』とは口が裂けても言えないのが我々の仕事です。だから、少ない人数で対応できる体制づくりを進めていく必要があるんです」（佐田）

企業としての生き残りを賭けた取り組みには違いないが、その目的は会社の存続そのものというよりも、むしろ社会インフラを維持することにある。すなわち、電力という社会に不可欠なインフラを維持するためにこそ、トーエネックという会社は存続していかなければならない、という使命感である。それは同時に、とにかく人手をかき集めるという従来の方式ではいずれ必ず立ち行かなくなる、という危機感でもある。

工法・用品グループかいぜんチームに選抜されたメンバーたちは、この佐田の熱い思いに応えて、さまざまな工夫改善に取り組んでいる。ある者は、既存の工具よりも現場での使い勝手のいい工具を自分の手で試作している。ある者は、詳細な手順を書き出して一つひとつチェックし、可能な限り空き時間が発生しないように手順を見直している。

文字通り手探りの試行錯誤であり、全部が全部うまくいくわけではないが、少しずつであっても、間違いなく、彼らの取り組みは実を結びつつある。

「安全・安心」、「ゼロ災」をモットーとするトーエネックでは、以前から従業員教育には熱心に取り組んでおり、すべての新入社員が入社から半年間、同社の「教育センター」に入所しなければならない。

教育センターは、名古屋市の名鉄常滑線大同町駅前にある研修施設で、新入社員たちは座学から現場作業の実地研修まで、仕事に必要なすべてをここで学ぶ。研修には同社の社員だけでなく、協力会社の社員も参加しており、彼らは実際にトーエネックの現場で行なわれている技術や知識を徹底的に身に付ける。名鉄線を利用する乗客の中には、車窓から、この教育センターの敷地内に多数林立する電柱群をご覧になった方も多いことだろう。時間帯によっては、実際に何人もの研修生が電柱に登っている光景を見ることもできるはずだ。

工法・用品グループは、この大同町（所在地は名古屋市南区滝春町）の教育センターの敷地の一角に置かれている。彼らは専用の充実した検証設備を存分に活用し、日々作業改善に取り組んでいるのである。

例を挙げると、電線を新しいものに交換する際に、既存の手法では「地上で組み立てたものを二人一組で吊り上げる」というやり方であったものを、専用の吊り具を自作して、一人で持ち上げられるようにする新しい手法などが考案されている。これにより、二人でやる作業を一人でできるようになったことで、単純計算で作業効率を二倍にすることができる。

今後は、この専用吊り具をさらに改良し、量産化し、すべての営業所に行きわたらせること、これを用いた新しい手法を現場の作業員一人ひとりに浸透させることが、実用化に向けての次の課題となる。

「工法・用品グループのやっていることの一つひとつは、言ってしまえば、このような細かい工夫の積み重ねです。

確かに、会社の業績だけを考えれば、彼らのようなベテランは現場に配置したほうが、目先の売上は上がるかもしれません。しかし、彼らのように豊富な現場経験と専門知識を持ったメンバーでなければ、こういう工夫のアイデアはなかなか出てこないものです。新人に同じことをやらせたら机上の空論になってしまう。

彼らは実に意欲的に、自由な発想でこの仕事に取り組んでいます。頼もしく思っております」（佐田）

専用吊り具のような部材や工具は、自分たちで自由に作るという。

彼らは今まで、工具や工法は与えられるもの、あるいは中部電力から指示されるものという感覚が身に染みついていたし、実際そのように決められている。そこへ、「自分たちでいちばん良いと思われる方法を一から考える」ということを求められたため、当初は慣れない部分もあったようだが、一方で「やり始めたら、結構楽しい」ということに気付くようになったという。今では、新案工具のモックアップなどが並び、事務所の一角はさながら木工所のような状態になっている。

なお、業務改善については作業する側のトーエネックだけでなく、発注元である中部電力側に協力を要請することもある。「こうすれば、今までより作業が早くなります」というトーエネック側からの提案により、中部電力側が設備の変更に応じたケースも実際にあった。従来の作業方針を改め、電柱に取り付ける装柱配電用品を仕様変更して、部品点数まで減らそうというのである。グループの親会社でもある中部電力に対してこのような提案を上げるということも、それまでのトーエネックからは考えられないことであった。そして、中部電力側がこの提案を受け入れたのは、彼らもまた同じ危機感を抱いていたからこそ、問題意識を共有できたのだ、と佐田は分析している。

「やはり、業界で抱いている危機感として、人口が減ってくれば、人が採用できなくなる、働く人がいなくなるということがあります。協力会社もそうです。そうすると、若い世代の早期戦力化が必要となり、今まで三〇年というような長期スパンでやっていた人の育て方も、変えていかなければいけません」（佐田）

採用面に関しては、東海地方はそもそも製造業が景気を牽引（けんいん）しているところもあり、新卒

作業方法を検証する様子

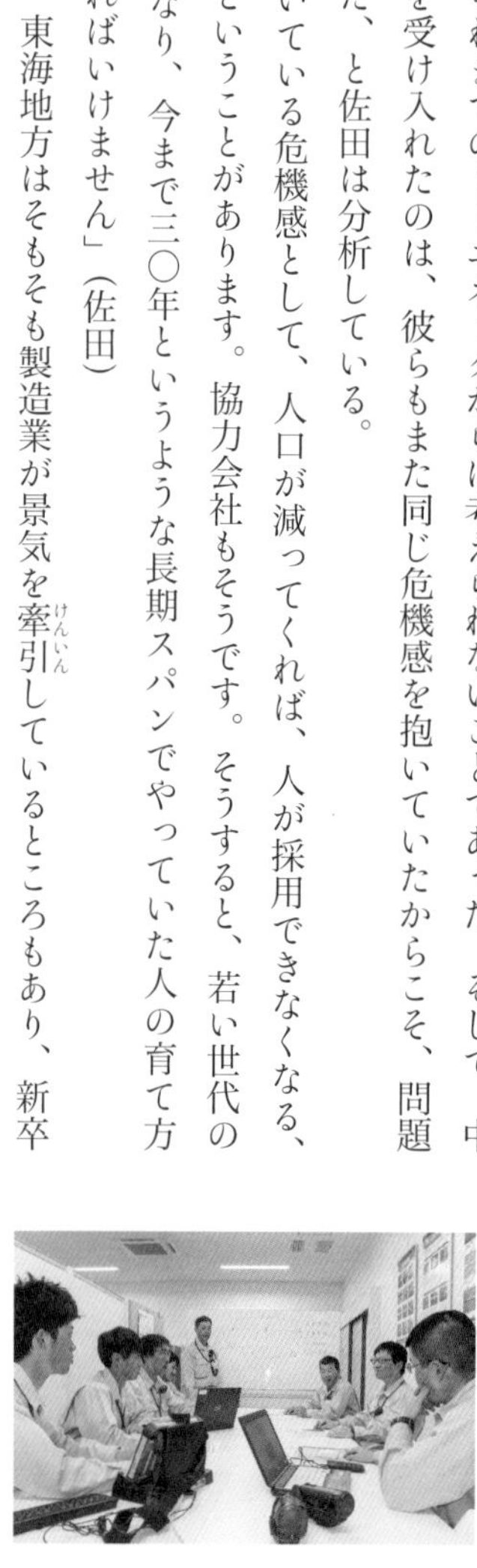

学生の多くは製造業が人気で、トーエネックは採用に苦戦しがちであるという。

その代わり、社員の定着率は高いと言える。配電本部の新卒採用は工業高校の電気科の卒業生などで、もともと業界への関心が高く、適性のある人材が集まっているのかもしれないが、入社後半年間にわたって教育センターで寝食を共にする研修に始まり、退職するまで継続的に行なわれる教育制度など、「人を大切にする」社風によるところもあるかもしれない。

配電本部内には、佐田が直接指揮する架空線の部隊の他、地中線の部隊も所属している。後述するが、地中線とは要するに地下に埋設された電力ケーブルのことだ。電柱に比べると地中線の設備は災害に強いといわれ、電柱が倒れるような災害が起きてもめったに故障しない。その代わり、一度壊れると地面を掘り起こす必要があるため、復旧には長い時間を要することになる。

二〇一一（平成二三）年三月に発生した東日本大震災の少し後、当時は中部電力の社員であった佐田は何度か被災地を視察したことがあった。津波に押し流され、見渡す限りのがれきの山と化した三陸海岸の被災地で、真っ先に復旧したのは電気であった。震災前に立っていた電柱は根こそぎ倒壊し、跡形もなく押し流されていたのだが、そこに新たな電柱が次々

工法・用品グループのメンバー

中部電力の担当者と検証する様子

に立てられ、電線が張られ、電力供給が再開していた。

次に、そこから電力を得た携帯電話基地局の臨時子局が立ち上げられ、通信網が復旧する。同時進行で道路が復旧して物資がトラックで運び込まれ、プレハブづくりの臨時のコンビニエンスストアが店を開く。上下水道が復旧するのはそれよりもずっと後のことだ。

このときの視察は、中部電力として、いつ起こるかもしれない東海大地震に備えて、被災地の被害状況や電力復旧の実態を学ぶことが目的であったという。そこで改めて確認できたことは、架空線と地中線のそれぞれの良しあしであったと佐田は言う。

「津波で何もかも押し流された被災地に、真新しい電柱群がそびえ立つ光景を見たとき、『やはり、最初は電気なんだ』ということを改めて自覚しました。電気の復旧こそが被災地復興の第一歩であり、すべてはここから始まります。そして、これほど迅速に電力供給を復旧させる手段は、電柱と架空線を置いて他にありません。かかる費用も、地中線に比べて段違いに安い。だから、今後も架空線の需要はなくならないと思います」

現実に、水道・ガス・電気の生活インフラの中で、水は工夫すれば雨水などを使うことができるが、電気はそうはいかない。乾電池やバッテリーの電源では一時しのぎにしかならないから、電力の復旧は最優先となる。

「配電部門はトーエネックで最大の部門であると申し上げましたが、部門が大きくて人数が多いだけでなく、現場は往来がある道路なので、皆さまから見られる機会がいちばん多いのが配電部門の者たちです。彼らが電柱に登って作業している姿を見て、それをきっかけに、トーエネックに入社したと語る社員も少なくありません。いわばトーエネックの看板を背負っているようなもので、トーエネックという会社のブランドをつくっていると自負しております。部門のメンバーにはそれぞれこのことを意識し、気概を持って業務に取り組んでいってほしいと伝えています」（佐田）

なお、以下は少々余談に近いが――佐田に話を聴いたのは二〇一九（令和元）年八月のお盆前後のことであり、まだ本格的な台風シーズンを迎える前であった。このとき、世間話のついでに近年の台風被害の話題も出たのだが、佐田はこんなことを語っていた。

「中部電力管内は昔から台風が上陸することも多かったんですが、一九五九（昭和三四）年の伊勢湾台風をはじめ、いつもだいたい同じようなコースで通過していました。

ところが、私の個人的な感覚で言うとここ一〇年ほど、その『いつものコース』ではなく、まったく想定外のコースを通るようになってきたんです。

以前は内陸にある長野県などは、めったに台風の復旧対応をすることはなかったのですが、最近は、毎年だいたい一回は台風の影響を受けるようになりました。山間部を通過すると、倒木がものすごくて、復旧するのも大変なんです。我々が今まで経験したことのないコースが多くて……本当に、異常気象が続いていています」

この言葉を裏付けるように、二〇一九年九月には台風一五号、一〇月には台風一九号がそれぞれ日本列島を直撃することになった。前者は関東地方から東北地方が被害の中心であったが、後者は中部電力管内にも甚大な被害を与えている。佐田がいみじくも口にした長野県では、豪雨の影響による河川の氾濫も複数起こっている。まさしく異常気象であり、復旧対応するトーエネックの社会的責任はますます重みを増し続けていると言えるだろう。

伊勢湾台風の被害状況（一九五九年）

2. 全国初の工事に挑む

東海市での地中線工事

トーエネック配電本部は、前出の配電統括部と配電技術部の他、市場開発部、地中線部の四つの部から編成されている。このうち、市場開発部はオール電化など一般家庭向けの工事がメインで、地中線部はその名の通り地中線工事に特化した部門である。

地中線については「地下に埋設された電力ケーブル」と前述したが、もう少し詳しく言えば、道路脇にある側溝のような比較的浅い（といっても、深さ数十cmから一m以上ある）溝を掘ってその中にケーブルを敷設していく場合もあれば、トンネルのように横穴を掘り進めていく場合もある。現地の環境やニーズに合わせて、現場ごとに対応する技術が求められるという点は、架空線工事とも共通している。

地中線が敷設されるケースは、基本的に「架空線から地中線への変更」が主である。海外などでは、まだ電化されていない地区に、地中線の敷設によって初めて電気を引いたというケースもあるが、国内ではそもそも未電化の地区がほとんどない。仮にあったとしても山奥などは、費用をかけて地中線工事をする必要性があまりないとされているのが現状である。

したがって、日本国内で工事が行なわれるのは、何らかの事情で架空線を地中線に切り替えようとしている場所が中心である。近年は、都市の景観や防災などの観点から、「無電柱化」に取り組む自治体もある。

これから紹介する、愛知県東海市にある横須賀町もその一つだ。

「電柱がなければもっと道が広くなるのに……」

「観光地の美しい街並みに、できれば電柱や電線がないほうが良い……」

主にそのような理由から、既存の架空線を地中線に切り替えようという需要は少なくない。この東海市の横須賀町地区の場合は、地中線への切り替えが必要な理由があった。

——祭り、である。

東海市で開催される「尾張横須賀まつり」は、江戸時代後期から止むことなく、「からくり・山車まつり」が連綿と続けられており、現在は九月の第四日曜日とその前日の土曜日に「からくり・山車まつり」が行なわれている。まつりには豪華絢爛な五輌の山車が参加し、山車の曳き廻しでは、前輪を担ぎ上げ、一周、二周と回転させる「大どんてん」が横須賀まつりの最大の見どころとなっているのだが、山車のてっぺんの高さは六m超、電柱に架けられた架空線の高さを超える場所もあり、不用意に山車を曳けば、張られた電線に引っ掛かりそうになる。大勢の見物客でごった返す中、まかり間違って断線でもすれば、大惨事になりかねない。

それを避けるために何をしているのかと言えば、先端がY字状になった長い竿(さお)を立て、電線のある場所を通るたびに下から電線を持ち上げ、その下を山車がくぐるという方法である。これはこれで、この祭りではおなじみの光景になっているという。

これからも安全に祭りを行なうためにも、架空線から地中線への切り替え工事を実施することが決定したのである。

「まつり文化や愛宕神社、横須賀御殿跡など、エリア内に点在する歴史文化資源との調和や、防災性の向上、歩行者の安全性の確保を図りながら、地域の魅力を再構築して、優れた住環境・景観を持ったまちづくりを進めるために、電線の地中化工事を行ないたい」

これが東海市の下した結論であった。東海市はこの案件を、中部エリアの電力供給事業者である中部電力に持ち込んだ。二〇一五（平成二七）年一〇月のことである。

中部電力では早速具体的な計画の検討にかかったが、ここで最大のネックとなったのは、「コストがかかり過ぎる……」という点であった。

地中化工事では「電線共同溝方式（＝管路方式）」を用いるのが従来のやり方である。これは、電線と通信線を一つの管路に入れ、その管路を埋設するという合理的な工法なのだが、これを採用した場合、一㎞整備するにつき総工費約五億円もの費用がかかることになる。これをできるだけ縮減する方法はないものだろうか――。

折しも、この数年前から、二〇二〇（令和二）年の東京オリンピック開催に向けて、国や全国の自治体で「無電柱化」の機運が高まっていた。

二〇一四（平成二六）年六月には「電柱新設を禁止、地中化を促す新法」が政府自民党内で協議され、二〇一五年五月の通常国会に法案が提出される運びとなった。この際、課題とされたのはやはりコスト縮減のための新工法開発であった。同年一〇月に「無電柱化を推進する市区町村長の会」が発足し、一二月末には国土交通省が「無電柱化を推進するための低コスト化手法の技術検討をする実証実験の中間報告」を取りまとめた。同報告書には、「管路方式の電線共同溝は、規制緩和による『浅層埋設方式』を適用することが可能である」、「管路を用いない『直接埋設方式』はリスクが高く、リスク軽減のための対策が必要である」、そして、地中化を推進するための手法として、「『小型ボックス活用埋設方式』などが考えられる」といった内容が記載されていた。

ここに登場する「小型ボックス」という用語が、後にトーエネックを含むいくつかの電気

尾張横須賀まつり
竿で電線をあげる様子

工事会社において開発された、電線地中化の切り札というべき新工法の正式名称となる。また、「電線共同溝の規制緩和」とは、同じ管路を使用するケーブル同士で、電力会社の管理する電力ケーブルと、通信会社の管理する通信ケーブルの間に、従来は三〇〇㎜の離隔距離を設けなければならないと法律で定められていたのを、「条件によっては（難燃性の防護被膜を使用し、電力線の電圧が二二二V以下の場合）この離隔距離は必要ない」と改めるものだ。これについては、総務省と経済産業省でそれぞれ定めている「地中電線の離隔距離に関する設置基準」が二〇一六（平成二八）年中に相次いで見直しが行なわれた。

なお、厳密に言えば、「小型ボックス」もまた「電線共同溝」の一種である。埋設するのに巨額のコストと長い工期のかかる「管路方式」に対して、狭隘(きょうあい)道路に適用可能で、比較的低コストで早く埋設できるコンパクトサイズの電線共同溝を便宜上「小型ボックス」と呼んでいる。管路方式の電線共同溝では「特殊部と特殊部を管路で繋ぐ」のに対し、小型ボックスの場合は「特殊部と特殊部を、小型のボックスで繋ぐ（一部、管路も併用）」という形になる。

国土交通省の中間報告から一年後の二〇一六年一二月、足かけ三年の歳月を経て「無電柱化の推進に関する法律」（無電柱化推進法）が正式に成立し、即日施行されることになった。

東海市における電線地中化工事は、こうした社会的背景の下で持ち上がった案件であっ

地中化工事の様子

である。

同開発と東海市における地中化工事の施工業者として、トーエネックに白羽の矢が立ったの報告書にあった新工法「小型ボックス」の採用を決定した。そして、「小型ボックス」の共た。中部電力では、東海市との共同研究を立ち上げ、コスト縮減の手段として国土交通省の

工事を担当することになったのは、配電本部に属する地中線部のメンバーだ。設計担当は、配電本部地中線部の工事グループで現在副長の役職にある中口武。中口らが開発を担当し、現場で実際に施工に当たったのが名古屋支店配電部地中線グループの森一貴たちであった。

中口は、まだ大学三年生だった二〇〇六（平成一八）年、会社説明会でトーエネックと運命的な出会いを果たした。大学では電気工学を専攻しており、建物の内線工事などの仕事がしたくて志望したのだが、二年後の二〇〇八（平成二〇）年四月に正式にトーエネックに入社してみると、自分が考えていた以上に仕事の範囲が広い会社だということに驚いた。

一方の森は、二〇一三（平成二五）年四月の入社である。もともと、電気に限らずエネルギー全般に興味を持ち、中でも太陽光発電や風力発電などのクリーンエネルギーによる電力関係の仕事を志していた。入社後に地中線部に配属となったことで、都市部の無電柱化に伴

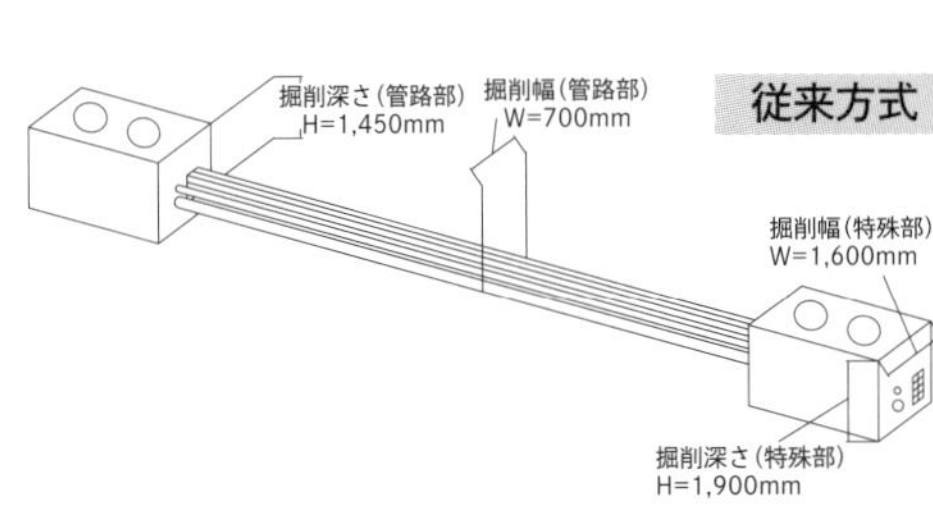

う電線の地中化工事などにも興味が広がった。地中線工事にはとても将来性を感じているという。

「電線地中化工事は、現在、政府が主に防災上の観点から特に力を入れているものです。例えば、昨年の台風のように、倒木・飛来物による電柱の折損や倒壊、断線が広範囲かつ多数発生し、大規模な配電設備の被害が生じることに加え、その影響で立ち入り困難な地域での巡視が行なえず、復旧が長期化する……といったリスクを回避するために、二〇二〇年までに全国の緊急輸送道路一〇〇〇㎞の無電柱化に着手するという計画が進められています。そういう意味からも、今、注目されているテーマであると言えます」（中口）

前節で佐田も語っているが、電柱と架空線による配電網に比べて、地中線は防災性能が極めて高い。

国土交通省の調査によると、一九九五（平成七）年一月の阪神・淡路大震災、二〇一一年三月の東日本大震災の際の地中線と架空線の被害状況を比較すると、地中線のエリアでははるかに故障率が低くなっているそうだ。

架空線は「復旧の早さ」と「コストの低さ」というメリットがあることは前述の通りであるが、地中線部門の担当者である中口や森は異なる側面に注目する。

小型ボックス活用埋設方式

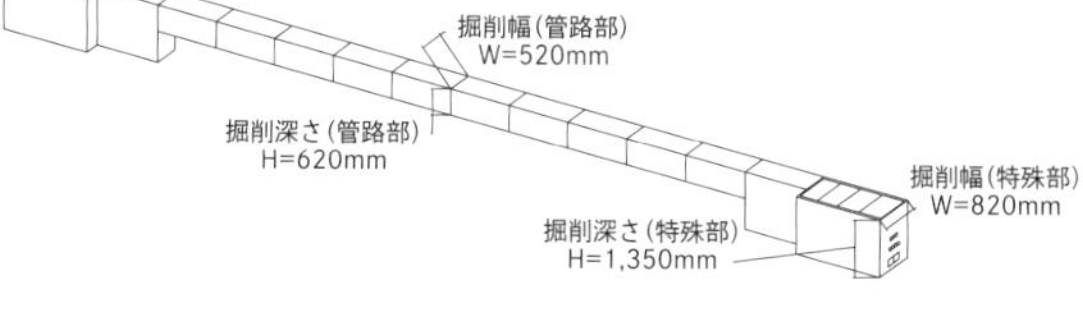

「震災のときには、地中線のエリアは、故障率がすごく低かったんです。それだけ、停電発生のリスクを低減できているということです。今後多くの需要が見込めると言うこともできます」（中口）

「海外では、地中化の普及率が非常に高い国もありますが、日本では全国でせいぜい三％というところです。ですから、架空線の配電ルートの維持とともに、地中化工事の仕事はこれから増えていく可能性があると思います」（森）

東海市の場合、無電柱化する範囲は基本的に「尾張横須賀まつり」の山車が通るコースが中心となるが、この路線は非常に道路が狭隘であり、道幅が三ｍから七ｍほどしかない。一方、中部電力における電線地中化の従来工法である「管路方式」では、歩道部分のみで二・五ｍの道幅を必要と、当時の中部電力の社内ルールでそのように定められていた。

問題は、この道路の下の土の中にあった。

この道路の下に埋まっているのは土だけではない。上下水道管、ガス管など重要なライフラインが埋設されているのである。従来工法であればこれらのライフラインも移動させなければならなくなる。単にコスト面の問題だけでなく、技術面においても極めて難しい問題を抱えていたわけだ。

路線の選定については、道路管理者である東海市と、電線管理者である中部電力とで話し

配電本部 地中線部
工事グループ 副長　中口 武

合い、合意に達した。東海市が要望していた無電柱化の要望を、中部電力側が技術面の改良により、無理のない範囲で実現させることが可能になったのである。

もともと、「道幅二・五mの歩道」というのは、電線共同溝方式（＝管路方式）を採用した場合に、地下に埋設することのできない「地上機器」と呼ばれる部品（変圧器やスイッチなど）を設置する都合上で定められていたのだが、前述の無電柱化推進法制定に向けた国土交通省の動きに呼応して、中部電力でも二〇一五年頃から社内ルールを見直し、柔軟に対応できるように変えていったのである。東海市の案件を受注することができたのも、こうした中部電力の企業努力によるところが大きい。

とはいえ、実際に施工するためには、やはり「小型ボックス」の開発と実用化が急務であった。そこで、中部電力と東海市、そしてトーエネックの三者による「小型ボックス」の共同研究開発チームが編成されたのである。

中部電力からは、城野裕隆（現・中部電力 電力ネットワークカンパニー 配電部 地中配電グループ 副長）がトーエネック地中線部の工事グループの担当課長として出向し、中口らのメンバーと共にプロジェクトを推進していった。

城野は、一九九九年四月に中部電力に入社し、配電部に配属された。入社直後は架空線の部署であったが、二〇〇三（平成一五）年に地中線の部署に異動となり、以来、これまでほ

名古屋支店 配電部
地中線グループ　森 一貴

ぼ一貫して地中線関連の業務に就いてきた。中部電力の配電部門には約四〇〇〇名からの社員がいるが、このうち地中線の部署に配属されているのは一〇〇名前後であり、地中線一本でキャリアを積んでいる人間は少ない。城野の場合、いわば数少ない地中線分野のエキスパートであり、過去にはスキルアップのため東京電力管内の地中化工事に関連して東京電力子会社に派遣されていた時期もあった。そして今回、東海市の地中化工事と小型ボックス共同開発のため、彼がトーエネックに出向していたのは、二〇一六年七月から二〇一九年六月までの三年間である。

　トーエネックへの出向中、城野は中口らと設計部隊を立ち上げ、「電線共同溝（本体）設計」といわれる特殊部と小型ボックスを地下に埋めていくところの設計に携わってきた。

「小型ボックスというものはその頃、国土交通省の報告書で名前と概念だけは存在していたものの、実物は『まだ世の中に存在していない』モノでした。わかっていたのは、電線共同溝として使用される、同一空間に電力設備と通信設備を一体収容する道路側溝のようなコンクリート構造物、ということだけです。

　東海市とほぼ同時期に、新潟県見附（みつけ）市や京都市中京区先斗町（ぽんとちょう）でも同じ『小型ボックス埋設方式』を用いた電線地中化工事が行なわれており、それぞれの事業者が自分たちなりの『小型ボックス』を試作していましたが、我々は我々なりの『小型ボックス』を手探りで一から

つくり上げることになりました」（城野）

例えば、新潟県見附市では東北電力グループが二〇一七年二月に無電柱化工事に着手しており、京都市中京区先斗町では関西電力グループが同年一二月に小型ボックス設置工事に着手していた。そこで、城野たちはこの二つの現場を見学させてもらったという。ただし、見学の結果をそのまま東海市の工事に反映させることができたというわけではない。一つには、見附市も先斗町も、小型ボックスを埋設したのはほとんどが歩道であったのに対し、東海市の場合はもっぱら車道が中心で、城野たちが作ろうとしていたのは、「全国初の車道設置型小型ボックス」だったのだ。一般に、車道は歩道に比べて道幅こそ広いが、上をクルマが通るため、耐荷重・耐振動性能が求められる上、東海市の場合は敷設する距離もそれらの先行事例に比べて長かったのである。

小型ボックスの開発に関して、「中部電力と東海市、そしてトーエネックの三者による」と述べたが、この三者の関係性と役割分担について城野は次のように説明する。

「まず、『電線共同溝』は、道路管理者である東海市の所有物になります。そこで、東海市からトーエネックに対して電線共同溝の設計・施工が発注されました。さらに、『電力設備』は中部電力の所有物であり、中部電力からトーエネックに設計・施工が発注されました。

一方、無電柱化の研究については、道路管理者である東海市と電線管理者である中部電力の二者間で協定を締結しておりました。中部電力と、東海市、両者の橋渡し役となったのがトーエネックです」

開発は、トーエネックの倉庫内で行なわれた。まず、段ボールやベニヤ材を使ってモックアップ（試作品）をつくり、そこに実物のケーブルを収納してみて、小型ボックス内での作業性を検証する。その上で、ケーブルを収納するために小型ボックスの寸法はどのくらい必要か、どのような構造にするべきか、これまでに蓄積してきた知見をもってアイデアを出し合う。

「この仕事をしている間、大げさに言えば、寝ても覚めても小型ボックスのことばかり考えていたような気がします。夢に出てくるのは日常茶飯事ですし、それこそ、眠っていて『ハッ！』と気になったことがあって、次の日急いでボックスを確認したり、最終形に落ち着くまでは、工夫、改良、再考の連続でした」（城野）

「いわば、東海市さんの『地中化したい』というニーズと、中部電力さんの責任を、我々が融合したわけです。小型ボックスの部品を製造したのは東海コンクリート工業さんですが、その寸法や構造を設計し、現場に必要な個数を算出して発注し、さらに出来上がった部品を使って、実際に現場で敷設工事を行なったのが我々トーエネックということになります。東海市のほうでは、この小型ボックスをゆくゆくは全国に普及させて広めていきたいという思いがあります。将来的に他の電力会社の管区でこの仕様による地中化工事を行なう場合、中

中部電力 電力ネットワークカンパニー 配電部 地中配電グループ 副長 城野裕隆

部電力や東海コンクリート工業を含めた中部電力グループ全体としての仕事に繋がるといいですね」（中口）

城野や中口が語っているように、東海市で使用された小型ボックスは、必ずしもトーエネック単独の発明品というわけではない。だが、トーエネックの存在なくしてこの世に生まれ出ることは決してなかった、ということだけは断言していいだろう。

「東海市さんと中部電力さんが共同で研究し、『電線地中化事業を、こういう方式でやりましょう』と決定した中で、その実働の部分、実際に構造を検討したり、設計をしたりということをトーエネックが請け負った、いわば、皆さんのイメージを形にした、夢を具現化した、というところです」（森）

こうして完成した「小型ボックス」は机上での試算によると、従来の工法よりも約一五％のコストダウンを可能にしたのである。

なお、東海市とトーエネックの間で最初に本案件の契約を交わしたのは二〇一五年のことだが、正式に工事を受注したのはその三年後の二〇一八年。当初は、担当の中口の他、サポート要員二、三名のみという体制であった。その後正式にプロジェクトが発足して森らがメンバーに加わった。

森は、初めて横須賀地区の現場を視察した際、「こんな狭い所で地中化なんてできるのか？」とひどく驚いたという。すでに名古屋市の名駅地区や栄地区などで何件かの地中化工事を経験していた森だが、それまで彼がやってきた現場はどこも十分な道幅がある場所での工事であったので今回は何もかもが違っていた。

その時点で、小型ボックスの現物はサンプルが完成していたのだが、もしサンプルのほうを先に見ていたとしても、そこまでのイメージは湧かなかっただろうと森は言う。そのくらい、現場の狭さは彼の予想を超えていたのである。

「工事にあたっては、この道路を通行止めにする必要がありました。そこで、現場では周辺にお住まいの方への影響を極力減らすように、事前に綿密な工事計画を練って臨みました。お住まいの方々には、ご不便をおかけして申し訳なかったです」（森）

実際に着工してからは、「全国初の車道設置型小型ボックス」ということで、全国各地から見学者が訪れた。見学者は、自治体や電力会社、電気工事会社の関係者、さらに設計を担当するコンサルタント会社や、資材を卸しているメーカーなど多岐にわたり、専門的な質問については、森が対応した。

「正直、私たちの仕事がこんなに注目されるとは思ってもいなかったので、今後、地中化工事を普及させるためにも、必ず成功させるぞ、と気を引き締めて工事に臨みました」（森）

地中化する路線は直線距離で三五〇m前後であったが、二〇一九年一月の着工から、道路の掘削と小型ボックスの敷設完了までに約八カ月かかった。小型ボックスから引き出す民地内への引込管や民地内管路の敷設などの工事がまだ残っているため、取材の時には、現地はまだ電柱が建っている状態であった。結果的に、同年九月第四週の「尾張横須賀まつり」は、前年までと同様に、電線を竹竿で持ち上げながら山車を曳くというスタイルで催された。

その後、引き続き残りの工程を終了し、完全に地中線への切り替えが完了してから、最後に、不要になった既存の電柱の撤去工事を行なう。

二〇二〇年九月に催される祭りでは、今度こそ電柱も電線もない街並みで、青空の下を壮麗な山車が行進していく様を見ることができるに違いない。

「私の現場でのこだわりは、楽しんでやることです。今回のように前例のない開発は大変でしたが、私たちが将来の誰かの前例になれるんだって思ったら、ワクワクして……。途中で行き詰まったときも、私たちがパイオニアになるんだと思ったら、必ずやってやる！という気持ちになれました」（中口）

最後に、中部電力の配電部に戻った城野から、トーエネックという会社についてコメントをいただいた。

「無電柱化というのは国策として推進されていることですから、中部電力としても電線管理者の社会的責務として、今後も積極的に支援していきたいと考えています。地元の住民の方々、所有者である道路管理者の方々、そして我々のような電線管理者が三位一体となり、皆でこの思想を共有していきたいですね。

トーエネックは、架空線と地中線の双方の技術を所有している重要な施工会社であり、我々にとってなくてはならない存在だと考えております。特に、今回の無電柱化のようにまったく新しい領域のお話を持ち込んでも、積極的に対応していただける気概を持った会社であり、とても感謝しています。当社とトーエネックが一丸となって、新しいものを世に送り出すことができたのも、やはり、トーエネックが単なる施工会社としての立場にとどまらず、新しい領域に足を踏み込んで、中部電力が進みたい方向、東海市さんが進みたい方向を束ねていっていただいたことで、全国初の事例に繋がったと思います」(城野)

希少な資格取得者を抱える技術者集団

配電本部地中線部で二〇一九年四月から執行役員で配電本部の地中線部長を務めているのは二村剛司だ。

二村が地中線部長の任に就いたとき、前述した東海市の地中線工事はすでに佳境に入って

完成した小型ボックス

小型ボックスにケーブルを設置した様子

横須賀地区での工事の様子

いた。同工事についいては前節で詳しく述べているが、地中線部の仕事は無論、それだけではない。電力の安定供給と都市の防災、街並みの美化といった目的で行なわれる電線地中化工事は、言うまでもなく地中線部の主業務であるが、それ以外にも、工場などに使用される「特別高圧」と呼ばれる高電圧ケーブルの敷設工事、引き込み工事、接続工事や、さらに管路やマンホールなどの土木工事もまた、地中線部の担当する重要な業務となっている。要するに、電気に関わる工事だけでなく、土木に関わる工事も、設計から施工までトータルでお客さまのニーズに対応しているのが地中線部なのである。

現在、地中線部が従事している業務は、大きく分けて次の五つだ。

第一に、地中配電線工事だ。東海市に限らず、中部電力管内では規模の大小含めて数々の地中化工事を進行しており、大半をトーエネックが受注している。最近では中部電力だけでなく、東京電力における地中配電線工事も手掛けている。

第二に、国内外の民間事業者を対象とした地中ケーブルの敷設工事や接続工事、管路やマンホールなどの土木工事。

第三に、海外でのインフラ整備事業である。カンボジアなどの案件が進行中だ。

第四に、太陽光発電など、再生可能エネルギー関連工事。太陽光発電の設備そのものはもちろん、これに付帯して、発電した電気を電力会社の送電網まで地中ケーブルで送る、「自営線」と呼ばれる配電線工事なども手掛けている。太陽光発電の場合、設備の近くに鉄塔があるとは限らないので、場合によっては数kmもケーブルを引くこともあるという。

第五に、市町村など自治体から受注する無電柱化工事や、そのコーディネートの仕事である。東海市の案件などはまさにこれである。

「例えば、東京では銀座、丸の内、八重洲あたりは平成以前から国の主導で無電柱化ということを推進してきましたし、都知事は巣鴨地蔵通りの無電柱化に取り組んでいます。そういう流れが今、地方自治体のレベルにまで浸透してきたと思っています。中部地区でのニーズは、まだこれからというところです」(二村)

とはいえ、そうした中で「全国初の車道設置型小型ボックス」の実績が物語るように、地中線部は積極的に無電柱化工事に取り組んでいる。その強みとはどこにあるのだろうか。二村は言う。

「まず、ケーブルの接続技術です。『特別高圧』と呼ばれる高電圧のケーブルは、三万Vから一五万Vという、非常に高い電圧がかかっています。これを繋ぐには特殊な、極めて繊細な接続技術が必要で、この技術を持っている会社は日本でも数少ないといわれています。『特別高圧』は、〇・五㎜の誤差も許されないような非常に高度な接続技術が要求される。当社はそれができる人間がいます。接続作業だけで、五名前後の班で三日間かけて一組のケーブルを繋ぐことになります。作業する場所は埃一つあってもいけないので、屋外の場合はそこに簡易型のクリーンルームをつくり、エアコンも設置するなどして十分に作業環境を整えて行ないます。実際に接続作業をするのは四名で、残りの一～二名はそうした環境を整備するサポート要員ということになります」

この「特別高圧」に限らず、三万V以上のケーブルの取り扱いには専門の資格が必要になる。繊細な作業のために非常に厳格な規定が設けられており、資格取得には最低でも一〇年前後の現場経験が必要となっている。筆記試験ではなく、すべて実技試験であり、高度な職人技が要求されるため、現場経験のない人には受験資格すら与えられないという。

「トーエネック地中線部の場合、一五万Vの『特別高圧』の資格を持った技術者が社内に五名おります。その下の資格である七万V級の有資格者が九名、三万V級の有資格者が一一名。人数は一部重複していますが、全部で二〇名ほどの資格取得技術者がおります。これだけの技術者を社内に抱えている施工会社は、日本でもそうないでしょう」（二村）

特別高圧の技術者は全国的に見ても人数が少なく、また、これらの技術を教えることのできる教師役もすでに高齢を迎えている者が多いため、若い世代への技術の継承が難しくなってきている。トーエネックでも、現場で教えられる人間が年々減ってきており、将来的な課題の一つになっているという。マニュアルは整備しているが、教科書通りのやり方がいつも

執行役員 配電本部
地中線部長　二村剛司

通用するとは限らない。また、若いうちから現場で経験を積み、教師役の職人たちの技術を間近で見て、積極的に「盗んで」いかなければなかなか成長には結びつかないものである。

そういった点でも、希少な特別高圧ケーブル技術者を社内に数多く擁していることは、トーエネックにとって他社にはない強みとなっていることは間違いない。

「もう一つ、地中線部の強みとしているのは、無電柱化工事のコーディネート業務ができるということです。自治体などの道路管理者、電力会社などの電線管理者と三位一体となり、設計から施工までトータルでコーディネートするという仕事が徐々に増えてきています。道路の防災性向上や、都市の景観保全による観光振興などの目的で無電柱化に取り組んでいる自治体はここ数年増え続けており、東海市の事例などをきっかけに、当社にお問い合わせをいただくことも多くなってきました。実績に基づくノウハウの蓄積もそうですが、どこの自治体でもいちばん悩んでおられるのはやはりコストの問題ですから、低コストの工法を提供できるというのは我々ならではの強みであると考えております」（二村）

今後の事業展開としては、太陽光発電や風力発電、バイオマスなど再生可能エネルギーの関連事業に力を入れ、発電設備から送電設備へのケーブル敷設や管路、マンホールなどの設置工事などの案件の受注拡大をめざし、無電柱化工事で培った設計技術や施工実績を活かして、ゆくゆくは都市整備事業のようなプロジェクトにも参画していきたいと考えているという。「設計から施工まで、総合窓口としてのワンストップサービス」を展開できるトーエネックの強みをうまく活かすことができれば、実現の可能性は十分にありそうだ。

「私は常に若手に対し、『技術を磨け、資格を取れ』ということと、『協力し合える仲間をつくれ』ということを話しています。資格というのは、専門性の高い仕事をしていく上では絶対に役に立ちますし、業務に直接関係のない資格にしても、持っていて邪魔になることはありません。また、自分を支えてくれるのは、一緒に苦労して汗をかいた仲間たちです。この二つのことだけは、機会があるたびに言うことにしています」(二村)

ちなみに、トーエネックにはプロパー社員が多く、定着率も高いようだということを前述したが、社員同士も「同期の繋がり」が非常に厚く、入社一〇年、二〇年というベテラン社員でも、入社以来の同期との付き合いを大切にしている者も多いという。これについても、もともと仲間を大切にする社風が根付いていることの証明ではないだろうか。

現在二〇代の社員が、三〇代、四〇代と仲間同士切磋琢磨(せっさたくま)しながら経験を積み重ねていく間に、彼らの持つさまざまな技術力はアップしていく。それが楽しみである——と二村は最後にそう締めくくった。

3. 海の向こうのトーエネック

海外事業部の成り立ち

現在の国際事業統括部の前身は、東海電気工事時代の一九七六（昭和五一）年に発足した海外事業部である。その名の通り海外で活躍する部署だ。この海外事業部のさらに前身となったのは、当時、内線部内の一部署であったプラント部で、このプラント部の時代に入社して以来、四〇年以上にわたって、トーエネックの海外における事業の最前線に立っているのが、国際事業統括部で現在、顧問を務めている臼井明男である。

長野県下水内郡豊田村（現・長野県中野市）出身の臼井は、大学卒業後の一九七四（昭和四九）年四月、当時の東海電気工事に入社した。

プラント部に配属された臼井は、入社三年目の一九七六年一二月にイランへ渡り、ペルシャ湾の最奥にあるバンダル・シャプール（現・バンダル・イマム・ホメイニ）という土地で、イラン・ジャパン石油化学（ＩＪＰＣ）の総合石油化学コンプレックス建設の電気工事に従事した。これは、臼井にとっても初めての海外体験である。

「それまでにも、技術者の海外派遣は行なわれていましたが、会社として工事を受けた海外事業はこのＩＪＰＣの案件が初めてだったと聞いています」（臼井）

臼井は二年間現地に常駐し、宿舎や食堂及び事務所の設営、作業員（主に韓国人かインド人で、臼井の下には韓国人が多かった）の管理指導や、現場の施工管理などの業務に携わった。現場はおよそ一㎞×二㎞の広大な敷地で、まずは現場から二㎞ほど離れた発電所から仮設の配電線を引き、電気室を数カ所設置した。これは本体の建設工事に必要な電力を確保するためで、本体の建設工事がある程度進んだ後は、本体の内線工事にかかった。

「日中は最高気温が四五℃にまで達し、クルマのボンネットで目玉焼きができるんじゃないかというほどの暑さです。そのため、昼休みは二時間とってあるのですが、現場からしょっちゅう『ブレーカーがトリップした（落ちた）』という連絡が入るので、そのたびにバイクを飛ばして電気室まで行き、確認をしてブレーカーを入れるということをしていました。毎日そんな繰り返しで、昼休みにゆっくりできたという記憶はないですね」（臼井）

任期中は六カ月に一度、一時帰国できたため、一九七八（昭和五三）年暮れに一時帰国した。その時点で、プラントは八割方完成していた、と臼井は言う。

「ところが、一九七九（昭和五四）年一月、イラン革命により国王が国外に脱出し、内閣が瓦解しました。その後も、工事を再開しようとして三度ほど現地調査に入りましたが、翌一

国際事業統括部 顧問
臼井明男

九八〇（昭和五五）年九月にイラン・イラク戦争が起こり、完全に撤退することになりました。聞くところによると、その後、東欧のある国の会社が工事を引き継いで、プラントを完成させたそうです」

このIJPCの案件には、海外事業部だけでなく他部門からの応援も多く、トータルで約四〇〇名の社員が参加したという。

臼井はその後、一九八一（昭和五六）年末から一九八二（昭和五七）年末にかけて、今度はイラクへ派遣された。現場はイラク北部のサラッハーディーン県の主要都市の一つ、ベイジ。案件は石油精製プラントの建設で、臼井はタンクヤードの電気工事の施工管理を担当した。当時はイラン・イラク戦争の真っ最中であり、タンクヤードにも銃撃で穴だらけのタンクが三基ばかりあるのを目の当たりにした。

「日本にいれば銃撃なんてテレビや映画の話ですが、ここではそれが日常でした。日本がいかに平和であるか実感しましたね」と臼井は振り返る。

それからしばらく間が空いて、一九八五（昭和六〇）年にマレーシアのペナン州バターワースへ。以後、ほぼ隔年ペースで海外赴任となる。

一九八七（昭和六二）年にはサウジアラビア。基地建設工事の設計でドイツへ。

臼井が初めて海外勤務した当時のメンバー

一九八九（平成元）年には再びマレーシア。

それから、中国、フィリピン、台湾——この頃になると、臼井はその豊富な経験を買われ、さまざまな国の現場をフォローするために、転々と赴任することが多くなってきた。

トーエネックでは現在、六〇歳が定年だが、希望者は雇用延長できる。臼井もその一人で二〇一五年には六五歳を迎えたが、その後も顧問として続けており、二〇一八年からは上海に赴任している。六九歳を迎えて、今なお第一線で活躍し続けている臼井は、海外の現場では次のことに留意しなければならないと話す。

「当社のような工事会社では、まあ、どこの現場でも当然のように言われていることですが、特に海外の場合、現場がうまくいくもいかないも、国内での設計をはじめとした事前準備次第です。事前の準備を蔑ろにしては良いものはできません。日本と違って、『この材料がないから送ってくれ』と簡単にいうわけにもいきませんから。そこは日本できっちり固めておかないと、現地での対応力には限度があります。私が中近東や東南アジアのプラント工事をやっていたときにも、必ず国内で念には念を入れて準備してから、海外へ出ていったものです。準備が足らず現場にまで設計を持ち込むようでは、まず間違いなく、その現場は混乱してしまうでしょう」

臼井らの切り開いた道は、数多くの後輩たちによって強固なものとなり、トーエネック国際事業統括部の未来へと続いている。

海外に伝えるジャパン・クオリティ

国際事業統括部は前述の臼井の話にあったように、一九八〇年代当時は、イラン・イラクなど中東諸国に進出する日本企業に随行して、現地に建設された工場などの電気設備工事全般を請け負うのが主な業務であったが、その後、時代の流れとともに同部の役割も変遷していく。特に二〇一八年四月の組織改編により、現在の国際事業統括部となって以降、海外に進出した日本企業の拠点の工事を引き続き行ないながら、それだけでなく、政府開発援助(ODA)の一環として発展途上国での電力インフラ整備事業への参画も増えている。

現在、配電本部地中線部に所属する工事課長の中川郁雄も、国際事業統括部のメンバーと共に海外で活躍する社員の一人だ。

静岡県出身の中川は、工業高校に通っていた当時、まだ東海電気工事の社名であった頃から地元の企業として関心を抱いており、大学卒業後の一九九六(平成八)年四月一日付でトーエネックに入社した。当時の組織図では、配電本部という部門の中に配電や工事を担当する部署があり、中川は入社後、「強電(電気機器の動力源として電気を送ること)分野の仕事がしたい」という本人の希望通り、配電本部に配属された。

その後数年間、中川は国内で主に中部電力関係の配電線工事に携わっていたが、入社一六年目の二〇一二（平成二四）年に状況が一変する。

この頃には、トーエネックでは中東諸国からアジア諸国へと活躍の場が移っており、受注する業務範囲も徐々に拡大していた。香港・台湾・タイ・フィリピンなどアジア各国に拠点として現地法人を置き、各国に根を下ろした営業活動を展開していた。

これに伴い、海外で業務に携わる人材を育てるための教育として、英語や現地で仕事をするための知識を専門的に学ばせようとするプログラムを立ち上げた。そして、日本国内で働いている社員の中から何名かを選抜して、当社の海外拠点に送り込んだのである。

この第一期生に選ばれたうちの一人が、中川であった。

「入社したときには、まさか英語で仕事をすることになろうとは夢にも思っていませんでした。ただ、国内の現場でそれなりに経験も積んで、そろそろ次のステップアップをめざしたいと考え始めていた時期でもありましたし、当時の上司からの熱心な勧めもあって、何の迷いもなくお受けしました」（中川）

おそらく、性格的にタフで少々のことではめげない中川の人柄が評価されての抜てきだったのだろう。中川自身も、もともと海外旅行は趣味で、香港や韓国、中国などへプライベートで旅行した経験があったため、特に海外転勤に対する抵抗感などは感じなかったという。

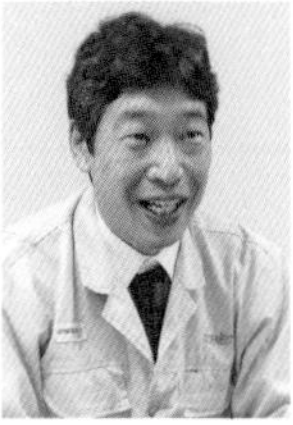

配電本部 地中線部 工事課長
中川郁雄

中川は辞令を受けて二〇一二年七月から約一年間、フィリピンの現地法人で教育を受けることになった。

「フィリピンでは三カ月間、現地の語学学校へ通って英語を学びましたが、何しろ、学校を卒業以来、何年もろくに英語を使っていなかったところへ、ある日突然、すべて英語のレッスンの日々が始まったわけですから、ずいぶん苦労しました。講師が板書した内容を全部ノートに書き写して、わからないことは宿舎で辞書を引きながら調べたりとか、中学英語からやり直しました。わからない単語に関しては、講師がスペルから発音まで丁寧に教えてくれましたが、文法についてはあまり教えてくれなかったので、日本で買った参考書を持ってきて、首っ引きで勉強しました」（中川）

三カ月間の基礎学習を終えると、次にフィリピンの現地法人で実務をこなしながら、英語や現地での仕事の進め方を実地で学んだ。語学学校の講師とは違って、フィリピンなまりの強いピジン・イングリッシュが飛び交う現場に放り込まれ、中川はまたしても右往左往することになった。

かくして、悪戦苦闘しつつも一年間の研修を修了した中川は、一時帰国後、最初の赴任地であるカンボジアへ派遣された。二〇一三年八月の上旬である。中川はここで、翌二〇一四

フィリピンの現地スタッフに混じって、海外で研修を行なう中川（中央）

年六月上旬までの約一〇カ月間、現地の業務に従事した。

これは、ドイツのODA案件であり、カンボジア国内でまだ電気が通っていない地方への送電プロジェクトであった。日本からはタカオカエンジニアリング株式会社が参画しており、同社から現地で現場管理・監督を行なうスーパーバイザー（SV）の派遣要請を受けたトーエネックは、海外研修を修了したばかりの中川に白羽の矢を立てたのであった。もう少し正確に言えば、SV派遣要請を受けた時点では中川はまだ研修中だったため、中川の上司である河合孝也（現・国際事業統括部 情報通信・地中線グループ長）がまずSVとして赴任し、研修修了を待って中川がその任を引き継いだのである。

当時のカンボジアには未電化地区がかなり多く残っていた。そこにタカオカエンジニアリングが現地の施工業者を使って電柱を立て、配電線を張り、電気を送る工事を行なっており、中川の仕事は、主にその工事の安全・品質・工程管理であった。

日本であれ、カンボジアであれ、目的が同じであれば作業内容自体はそれほどの違いはないはずだった。電柱を立てる技術も、そこに腕金を取り付け電線を架けて接続する技術も、日本国内で行なわれているものと大差ない――はずであった。

だが、実際に現地へやって来て、そこで現地の作業員が行なっている工事を目の当たりにしていく中で、中川は日本で自分が常識だと思っていたことが、海外の現場ではまったく通用しないことを、嫌というほど思い知らされることとなった。

作業現場に向かうと、現地の作業員たちはヘルメットも着用せず、足元ははだしのままで作業していることが多かった。当時の状況を詳細に記録した中川の日報には、ほとんど三日と空けず、ヘルメット着用を指示したという記述が見られる。

中川が口やかましく注意していたので、そのうち、作業員たちは中川の姿を見かけると、何も言わないうちから「日本人が来た！」とばかりにめいめい合図を送り、慌ててヘルメットをかぶるようになった。

「もっとも、私がその場を去ると、皆いつの間にかヘルメットを脱いでしまうことも多かったみたいですが……。そして再び私が口やかましく指導する……その繰り返しでした」（中川）

足元の装備に関しては、安全靴を人数分用意させ、全員に配布したのだが、確かに受け取ったにもかかわらず、翌日にはまたはだしやサンダル履きで現場にやって来る者も多かった。中川が安全靴のことを尋ねると「なくした」と答える。問いただすと、中には、支給された安全靴を勝手に売り払ってしまったり、後生大事に部屋に飾っている者もいたことを知った。

その一方で、「靴を履かずに、はだしでなければできない」と主張する作業員もいた。カンボジアの電柱は、日本と同じように足場ボルト（電柱に登るために手足をかけるボルト）

を差し込むネジ穴を空けてあるのだが、そこにボルトは固定されていない。どうやって電柱に登るのかというと、足の親指と人さし指の間にボルトを挟み、その先端を器用にネジ穴に突っ込んで引っ掛けながら足場にしているのだ。どうやら、電柱にボルトをねじ込んで固定しておくと、盗難されたり、関係ない人や子どもが勝手に登ってしまったりして危険だからということらしい。

子どもといえば、電柱を立てていると物珍しげに近くの子どもたちが大勢集まってくることもあった。電柱に機器を据え付けるための腕金には、電線を取り付ける「碍子（がいし）」と呼ばれる陶器の部品が付いているが、この部品が石投げの的にちょうどよかったらしく、子どもたちが競って石を投げつけ、付けたばかりの碍子が割られてしまったこともあった。

現地で中川が驚いたことといえば、電柱を立てる場所についてもそうだ。日本であれば、電柱は周囲に障害物のない安全な場所に立てるものだ。しかし、カンボジアでは、例えば「道路の中心から何m」というふうに基準が決まっていて、その場所に何かがあっても電柱を立ててしまう。その結果、日本人である中川の目には、驚きの光景を目にすることもあった。ある場所では、個人の家の屋根を突き破るようにして電柱が立てられ、またある場所では、池の真ん中に電柱がぽつんと立っている。

「カンボジアの人たちは、諦めてしまっているのか、そのまま屋根に穴の開いた家に住み続

足の親指と人さし指にボルトを挟み、取り付け用の穴に挿して昇柱している様子

けていることもありました」（中川）

また、邪魔になる木を伐採したり枝を落としたりしながら電柱を立てていくのだが、樹上に巣をつくる巨大な赤アリがいて、うっかり近づくと、木が揺れた拍子に頭の上からアリの大群が降ってくることもあった。このアリがなかなか厄介で、服の隙間に潜り込んで所構わずかみついてくるのだ。かまれるとものすごく痛い。中川も何度かアリの洗礼を受けてしまい、木の多い場所ではできるだけ離れた場所から工事を監督するようになったという。

中川は、現場監督業務のため、事務所に提出された予定表に合わせてスケジュールを組み、一日に数カ所ずつ回っていったが、作業員たちは予定表通りに動かないこともあった。現場に着いたときには作業が終わっていたり、予定時間を過ぎても作業員たちが現れなかったり、いるにはいても予定とまったく別の作業を行なっていることもあった。中川はそうした状況を淡々と日報に記していたが、神経質な者ならストレスで胃が痛くなっていたに違いない。

現地の作業員と接する機会の多い中川によると、彼らに対して安全や品質の指導をする際、今までと異なるやり方でも、意外と素直に受け入れるケースが多かったという。ただし、その場では素直に言われた通りやり直しても、翌日には元に戻っていたりするので、油断はできなかったそうだ。

例えば、停電作業のとき、感電防止のために配電線へ取り付けるアース線の取り付け位置

家の屋根を突き破るようにして立てられた電柱

が、指定と違っていたことがあった。アース線を取り付ける位置には安全上の理由があるので、きちんと説明すれば、その場では理解して、正規の位置に付け直してくれる。それを見て、中川は「ああ、素直にやってくれた」と安心するのだが、また別の日に別の場所へ行くと、とんでもない位置にアース線が取り付けられている。再び中川が指導すると、嫌な顔一つせずに付け直すという。彼らにとっては付けやすい位置なのかもしれないが、中川の目から見ると「何でわざわざそんなところに？」と理解に苦しむような位置であったりする。こうした出来事は日常茶飯事で、中川はいたちごっこの徒労を味わいながらも、毎度毎度目につくたびに指導したのだという。

その一方で、彼らにもプライドがあるのか、言われてもなかなか直さないときもあった。電線を接続する際に、スリーブ（電線を接続する部品）の中に通して圧縮するという工程があるのだが、圧縮の回数を六回やるように指示しても、「四回でいい。今までずっと四回でやってきて、問題なかったから」と言って譲らない。そこを無理に六回でやり直させて、別の日に行くと、また四回で済ませてしまっていた。中川はこんこんと理由を説明し、どうにか納得させてやり直させたが、このように、自分たちの経験をよりどころにして、指導を受け入れない頑固なところもあるようだ。

それでも、トーエネックの持つ技術で日本と同じようにインフラを整備することで、現地の人々の生活を少しでも豊かにすることができれば――と中川は言う。

「私の現場のこだわりは、『ジャパン・クオリティ』です。我々トーエネックが仕事を任されたからには、日本の現場で我々がもっとも大切にしている安全・品質を追求します。海外で多少やり方や習慣は違えど、本質は一緒だと思います。日本と同じクオリティに近づけるために、私は毎日のように同じことを繰り返し指導しました」

　ともあれ――約一〇カ月間にわたるカンボジアでの業務を勤め上げ、中川は一度帰国した。それから約二年半後の二〇一六年一〇月一六日に、次の赴任先であるミャンマーに向かうことになる。

　ここでの中川の仕事は、正式名称を「ミャンマー国送配電系統技術能力向上プロジェクト」といい、中部電力と東京電力の合弁によるエネルギー事業会社である株式会社ＪＥＲＡの案件であった。中川は同プロジェクトに参画し、二〇一八年六月までの間に断続的に計六回、通算で約一〇〇日間、ミャンマーでの業務に就いていた。

　この案件が一区切りつくと、続いて二〇一八年四月二三日に中川は再びミャンマーに赴任する。こちらもＪＥＲＡの案件だが、「ヤンゴン配電網改善事業フェーズⅠ」という別のプロジェクトであった。中川は同プロジェクトに参画し、二〇一九年九月までの時点で計三回、約一〇〇日間現地に渡っている。なお、同プロジェクトは現在も継続中であり、中川は今後もミャンマーへ足を運ぶことになるという。

これと並行して、二〇一八年一〇月にはカンボジアで新たな案件が立ち上がった。それが、現在の中川のメインの業務である「カンボジア王国 プノンペン首都圏送配電網拡張整備事業」だ。

同プロジェクトは、ひと言で言えば、二〇二一年一月までの工期でプノンペン市内に総延長一二・八㎞の地中埋設ケーブルを敷設する工事である。マンホール五三基、さらに、変電所も二カ所に新たに建設する。トーエネックは、住友電気工業株式会社、シーメンス株式会社と三社コンソーシアム契約を結んでカンボジア電力省に入札。住友電気工業はケーブル調達、シーメンスは機器調達、そしてトーエネックは工事をそれぞれ分担した。

中川にしてみれば、前回は地方の未電化地区の架空線工事、今回は首都の電化地区の地中線工事と、同じカンボジアでの案件でも、その内容はまったく違うということになる。中川が一時帰国した二〇一九年九月時点では、予定地の掘削工事が始まったばかりの段階だという。約一・四mの深さに掘った溝に、長さ一一・五mのパイプを入れていき、パイプの先端と末端を次々に繋いでいって、一本の長い管路をつくる。一チームの一日当たりの作業量は、平均してこのパイプ二本分、すなわち、毎日約二三mずつ掘り進めている計算になる。ただし、都市部の現場だけに水道管など既存の埋設物に突き当たることもあり、安全第一で慎重に掘り進めなければならないため、時間のかかる作業である。

「将来的には、施工を二チームに増やして、一日にパイプ四本分くらい掘り進められるようにしたいと考えています」(中川)

プロジェクトが変わっても、現地での中川の苦労話は尽きない。直接仕事に関係すること以外にも、食生活や危険な動植物、生活習慣の違いなどから、慣れない日本人にとって決してやりやすい環境でないことは確かだ。例えば、カンボジアでは都市部を除いて、雨が降っても傘を差さない人が多い。土砂降りの雨の中で平気で自転車に乗っていく子どももよく見るという。また、現場の周辺を安全確保のためフェンスなどで囲んでおくと、日本人ならわざわざ近づかないが、現地では工事に無関係な通行人が平気でまたいで通り抜けていく。

「カンボジアでは限られた工具と、今までの経験だけでやっているわけです。日本で言えば何十年も昔のやり方で。そこに、日本の最新の工具であったり、ルールであったり、考え方であったりということを伝え、それを現地の人が身に付けることで安全と品質の向上に繋がれば、いつかきっとその国のためになると思っています」(中川)

中川らは一度現地入りすると、数カ月間はその国で過ごすことになる。個人差はあっても、慣れない環境での生活は、心身ともにストレスがかかることになるのは間違いない。

プノンペン市内の様子。排水設備が脆弱(ぜいじゃく)なため、冠水している所も多い

例えば、中川が参画したカンボジアでのプロジェクトでは、事務所兼宿舎となる一軒家を借り、そこに日本人数名と、現地の料理人を住み込みで雇用して拠点としていた。料理人は以前、日本料理店で働いていた人物をスカウトし、日本人の好みに合う食事を提供できるようにしたという。毎日のことだけに、食の問題は思いの外重要である。現に、ミャンマーでは、やたら酸っぱい味付けやひどく辛い味付けの料理ばかりで閉口し、何度も下痢に悩まされたと中川は言っている。

「確かに日本と同じように暮らせないのは当然です。だって『異国』なんですから。ある時そんな当たり前のことに気付いたら、現地での不便も不便と思わなくなりました。むしろ旅行と違って、そこで暮らすうちに見えてくるものや感情があります。『日本と違って不便だな』と思うことで、その国の人々の生活が、日本と同じような水準になるために私にできることってないかな、なんて考えながら生活するようにいつしかなっていました」(中川)

海外で事業を続けていく

前述のように、中川らが活躍する国際事業統括部は、二〇一八年までは海外事業部という名称であった。現在、執行役員で国際事業統括部長である細川義洋は言う。

「二〇年くらいかけて、少しずつ業務が変化し広がっていったという印象です。我々の行き先である国の情勢の変化などに合わせて、扱う仕事の内容も変わってきている部分もあります」

日本企業が海外で仕事をするにはいくつかのやり方があるが、初期のトーエネック海外事業部ではワン・プロジェクト単位、すなわち海外進出する日系企業に随行して工場建設などのプロジェクト終了まで技術者を駐在させ、終わったら全員引き揚げるというやり方が主流であった。唯一の例外が香港で、ここには比較的初期から香港ブランチと呼ばれる支店を開設していた（二〇〇〇年に閉鎖）。その後、進出先の国の法律に応じて、支店開設が可能な国では支店を、現地法人を設立する必要がある国には現地法人を立ち上げる、というやり方で対応してきた。

最近では、海外のローカル企業からの受注拡大のために、現地で実績のある設備工事会社に出資するというスピード感を持った取り組みも進めており、二〇一九年一一月にタイのトライエン社に出資を行なった。

「当社の場合は基本的に現地の人間を雇用するため、その国に当社の持つ技術を伝えられます。当社の仕事を通じてその国の発展に貢献する――それがトーエネックのやり方です」（細川）

二〇一九年九月現在、国際事業統括部には五〇名弱の従業員が配属されており、フィリピン、タイ、中国、台湾、カンボジア、ミャンマーの六カ国で事業を行なっている（インドネ

執行役員 国際事業統括部長
細川義洋

シアを除く）。日系企業の案件だけでなく、前述のようにＯＤＡ案件による電力インフラ整備の仕事も増えてきた。

「今後は、こうしたインフラ関係の仕事での実績も積み上げていきたいと考えています。アフリカなどで行なわれている無償のＯＤＡと違って、東南アジアなどの有償のＯＤＡは近年、中国や韓国などの企業が台頭してきて、価格競争になると日本企業は非常に厳しくなります。そこに我々が食い込むためには、現地の電力会社などとタイアップして、技術提案から案件形成のお手伝いまでして、そこから入っていかなければ仕事は取れません。お手伝いしていく中で、信頼関係を築いていき、初めて仕事になるわけです。それまでには何年もかかりますから、どこまで現地に根付けるかがカギになります」

国際事業統括部のメンバーについて、重ねて細川は言う。

「これはうちの部だけでなく、全社的な傾向でもありますが、年齢別の人口構成で言うと、三五歳から四五歳くらいの、いわゆる働き盛りのコア年齢層が薄いという傾向があります。五〇歳以上はかなり多いと思いますし、四〇代後半も、まあそれなりに……。今、そこが全社的にも悩んでいるところです。将来的なことを考えると、まずは新入社員から、毎年は難しければ隔年でも、人を入れていかなければ高齢者ばかりになってしまいますから、そこを補強していきたいと考えております」

ODAの工事の様子

いわゆる団塊世代が定年に達しつつあり、バブル世代までは層が厚いものの、就職氷河期世代といわれた年代が薄い。これはトーエネックに限らず、日本企業全体が抱えている問題かもしれない。

具体的な若年層の育成方法としては、国際事業統括部に配属が決まった新入社員は、三カ月間、フィリピンで英語教育を受けることになる。これは、前述の中川が受講した海外研修制度とは別で、国際事業統括部の独自の制度だ。

フィリピンでは英語学習の他、現場研修もやっており、実際に工事中の現場で実地教育を行なっている。ここの現場は工場での電気設備工事であり、いわば、海外事業部発足当初からの伝統と言えるかもしれない。もともと、日系企業の海外工場建設に随行するところから始まった国際事業統括部なので、現在も電気設備工事は主要な業務であり、人材もそこがいちばん層が厚い。それに加えて、前述の中川が参画したようなＯＤＡ案件では、架空線工事、地中線工事の実績を積み上げつつある。

トーエネックの主要な業務のうち、残るは情報通信工事と空調衛生設備工事である。前者に関しては、国内の情報通信部門が手掛けている携帯電話基地局のような案件は、現地の業者が行なうことが多い。鉄道の軌道に沿って信号を這わせる「鉄道信号線」の工事は情報通信工事の一つであり、これまでに受注実績がある。

一方、後者に関しては工場などからの需要増に対応するため、対応できる技術者の早期育成が課題となっている。国内の現場でも技術者の確保が課題となっているが、海外へ展開する上でも、人材の確保はもっとも重要である。

国際事業統括部としては、手をこまねいて今の状況に甘んじているわけではない。現地の技術者が、日本人の担当者と同等の仕事ができるように、交代で日本へ招いて教育を行なっている。将来的にはフィリピンからミャンマーなど、国をまたいで現場監督ができるような体制も構築できたらと考えている。国際事業統括部のメンバーに対して細川が常々口にしていることは二つ。

日本での技術教育の様子

「今までやってきたことが、そのまま正しいと思わないこと。もし、改善できる余地があればぜひ改善するべきだ。一旦立ち止まって、『この仕事は何のためにやっているのか？』、『このままでよいのか？』ということをよく考えて仕事をしてください」

「一つ上の職位の人の立場になって考えること。自分がその立場だったらどういうふうに考えて行動するか、絶えず考えるようにしなさい。報告するときにも、自分がそれを聞く立場になって、そう言われたらどう思うか、どう判断するか、絶えず考えなさい」

いずれも「考えて行動しなさい」ということで、トーエネックの経営理念にある「考え挑戦するいきいき人間企業の実現をめざす」とも符合する。国や文化は変わっても、そこに働くトーエネック社員の胸にあるものは一つだ。

第二章

快適環境を支える「誇り」

1. ランドマークを舞台裏で支える

中部国際空港

中部国際空港、愛称は〝セントレア〟——。

二〇〇五（平成一七）年二月一七日、愛知県常滑市に開港した同空港は、東海地方の空の玄関口だ。二〇一八（平成三〇）年度の旅客数は一二三四万四六二八名で空港別乗降客数順位は、国内線第八位、国際線第五位となる（国土交通省「空港管理状況」）。東京圏、大阪圏に次ぐ国内第三位の市場規模を誇る経済圏、中京圏が誇る国際空港である。

セントレアで一日に消費される電力の内訳は、空港施設内の照明、空調機器、情報通信機器、エレベーターやエスカレーター、動く歩道の動力、など多岐にわたる。こうした中の一つに滑走路や誘導路に点々と配置されている「航空灯火」もある。これは、夜間はもちろん、昼間の明るい時間帯にも点灯されており、航空機の離着陸や誘導路の走行のために二四時間、休みなく灯され続けている。

この航空灯火を一年三六五日、常時メンテナンス業務を行なっているのが、営業本部のお

二〇〇五年二月に開港した、中部国際空港、愛称は〝セントレア〟

夜間に灯火の洗浄作業を行なう様子
写真提供：読売新聞社

客さまサービス部カスタマーセンターである。

その一人、横垣勉は言う。

「セントレアの場合、航空灯火は全部で数千個以上あります。これらが不点することのないように常時点検して、万一不具合があればすぐに交換する。汚れが付着しているようであれば直ちに汚れを落とす。いわば、セントレアの玄関灯を灯し続ける仕事です」

もちろん、一本の長さが三五〇〇mに及ぶ滑走路の中で、たまたま一灯くらい消えていたとしても、それで直ちに航空機の離着陸が不可能になるわけではないだろう。しかし、ただの一灯たりともおろそかにしない徹底した考え方に基づいて、セントレアの安全は保たれているのである。

とはいえ、数千個以上あるという航空灯火全部を毎日、一つひとつ点検するのは不可能だ。そこで、横垣らメンテナンス担当の作業員は、週に六日、滑走路のクローズドタイム（航空機が離着陸しない時間帯）に滑走路に入り、決められた区域内を順番に巡回している。日によって多少のずれはあるが、作業時間帯は午前一時から午前四時——真夜中だ。自分以外は誰一人動いている者もない、深夜の真っ暗な滑走路で黙々と続ける、孤独な作業である。海からの強い風が吹き付け、とりわけ冬場は厳寒の中での過酷な作業となる。

特に注意しているのは、滑走路への〝忘れ物〟だという。暗い中で工具や部品を取り扱うことになるが、万一これらを滑走路に置き忘れてしまったら、翌日のクローズドタイムまでは滑走路内に立ち入れないため、取りに戻ることもできない。航空機の地上走行速度は、離陸直前や着陸直後には時速数百kmに達するから、滑走路に異物があれば、一つ間違えば重大事故にも繋がりかねないのである。

「我々が日々行なっているメンテナンスには、交換作業と清掃作業の二種類があります。清掃作業は、ランプの部分を航空機から見えるように拭いてきれいに清掃するわけですが、これは一つひとつ手作業になります」（横垣）

このランプ面は、航空機の車輪が上を通過しても壊れないように滑走路面に埋め込まれている。作業員は、数m置きに設置された航空灯を、滑走路にかがみ込んで拭き掃除する。地道な作業とも言えるだろう。

作業スケジュールはあらかじめ決まっているものの、台風などの自然災害時には作業自体を中止することもあるため、必ずしもスケジュール通りにはいかない。現場では、何かあるたびにスケジュールを再調整し、可能な限り全体の工程に影響を与えないように予定を組み立て直しながら行なう。

「その日の作業を始めたら、中途半端に途中で切り上げることはできません。ですから、作業時間内にきっちり終わらせるように計画を立て、忘れ物もないように持ち物もリストを作

り、引き揚げ時に全部確認します」（横垣）

華やかな国際空港の舞台裏にも、このようにそれを陰で守り続けている者がいる。これも間違いなくトーエネックのＤＮＡである。

「私の現場のこだわりは、決められたことはきっちりやることです。一つひとつはささいなことでも、確実に日々、それをやり続けることで、安全性や信頼性が確実なものになっていくと思います」（横垣）

二〇〇五年のセントレアの開港工事にも携わったという中村賢二は、現在、営業本部で顧問を務めている。

中村は一九七四（昭和四九）年四月、工業高校の電気科を卒業して当時の東海電気工事に新卒入社した。「事務職はやりたくない。外に出たい」という本人の希望もあって、定年を迎えるまで現場一筋できたという、筋金入りの現場肌である。

「現場というか、担当者業務ということですね。図面を描いたり、積算したり、打ち合わせしたりして、協力会社の方にそれで仕事をしていただくわけです。とにかく、事務所に一日中いる、というのは苦痛で仕方がない性分でしたから、現場内を飛び回っていました」（中村）

トーエネックではこれまで、空港のような特殊工事は件数自体それほど多くはなかったと

セントレアの航空灯火

いうが、中村はその多くの建設工事に関わってきた。それだけに、空港関係の仕事に関しては中村よりも詳しい人物は社内にいないと言っていい。

最初に手掛けたのが、一九九五（平成七）年、当時の名古屋空港（現・県営名古屋空港）の滑走路・誘導路などの電気工事。既設で稼働中の空港内での工事であったため、作業は深夜からのスタートとなるなど、それまでに経験した建物の工事とは工程から作業内容まで何もかも違っていて、とても勉強になったという。

「滑走路の航空灯火というのは遠く離れた場所でも照度を一定の明るさに保つために『シリーズ』といって、いわゆる直列回路になってるんですよね。通常の建物内の内線というのは『パラ（パラレル）』という並列回路になっていて、私はシリーズを扱った経験がなかったので、勝手が違って、最初は戸惑いました」（中村）

次に、二〇〇一（平成一三）年の能登空港（のと里山空港）の現場事務所で、中村は約一年間、ここの現場所長を務めている。そして、翌二〇〇二（平成一四）年から中部国際空港の航空灯火施設設置工事を担当することになった。

当時の中村の所属は、名古屋本部内線工事部の工事第四グループ担当課長であり、現場での肩書は所長であった。この時、すでに五三歳になっていた中村だが、その頃から社内で四〇代の現場所長クラスの人員が手薄になっていたこともあり、また、名古屋空港や能登空港

営業本部　顧問　中村賢二

での経験を評価されての任用であったようだ。

「最初に既設の名古屋空港を担当したとき、『滑走路の工事は夜しかできない』という思い込みがあったのだが、次に能登空港へ行くと、ここは新設なので『昼間に行なう工事』とのことでした。また、今度の中部国際空港は滑走路が三五〇〇mもあり、そんなに長い滑走路の空港は、国内にいくつもありませんから、当然、私もやったことがないわけで。……ですから、空港関連の工事の経験といっても、実際には空港ごと、現場ごとに全部違うものなんですよ。まあ、それだけさまざまな空港の工事に対する対応力は、何だかんだついていきましたね」（中村）

ちなみに、中部国際空港の建設計画は二〇〇〇（平成一二）年八月に起工式、二〇〇一年には空港島の埋め立て工事が着工していたが、中村が着任した当時はまだ、陸地と完全に切り離された伊勢湾海上に浮かぶ沖合の島であり、人は常滑港から船で行き来していた。

事務所を設置する場所もなかったので、当初は名古屋市内にあるトーエネックの研修施設である教育センター内に仮事務所を置き、その後、常滑市内に事務所を借りた。重機などの大型機械類やクルマについては、四日市港からはるばる運搬した。

やがて、仮設橋が架橋されたが、橋を渡るには通行許可証が人数分必要であった。この通行許可証の発行枚数は、一社につき何枚までと制限されていたため、中村が所長をしていた

「航空灯火施設設置工事」だけでなく、ほぼ同時期に中部国際空港の工事を受注していた「旅客ターミナルビル工事」や「エネルギーセンター建設工事」、「真空下水工事」などのトーエネックの各現場と相談し、それぞれが必要な時間帯に通行許可証をお互いに貸し借りするなどして、何とかやりくりしていた。

航空灯火施設設置工事は、長さ三五〇〇m×幅員六〇mの滑走路と、長さ一〇・二km×幅員三〇mの平行誘導路三本に設置する進入灯、滑走路灯、誘導路灯や、航空機が駐機するエプロンに設置する五五本のポール型灯器などを据え付けるというものであり、工期は二〇〇二年四月〜二〇〇四（平成一六）年七月までの二七カ月間だった。

すべての灯器を合わせて、開港当初は五〇〇〇個ほどであったが、その後、滑走路や誘導路の拡張工事も行なわれていることから、現在ではさらにその数は増えているという。これが、前出の横垣らが日々メンテナンスを行なっている航空灯火である。

数が多い灯火の設置だけに、少しの工夫が大きな効率化につながった。中村たちは灯火を設置するための穴を開けるのに、冷却水を使わないカッティング工法を採用し、作業の効率化を図った。また、灯火を真っすぐに設置するために必要な測量は数万回に及んだ。そこで、光波を発射して距離を得る光波測量に、GPSによる測量も併用し、測量時間を短縮した。中村たちの努力により、短い工期の中で、五〇〇〇灯を無事に設置、点灯することができた。

工事にあたって、実に多くの者が関わった。例えば、工事がある程度進捗してくると、島内に仮設の事務所を建てて、そこを拠点とするようになった。島内の移動手段にはクルマを二台用意していたが、日常的な通勤手段の足がなかったので、中古のマイクロバスを用意することになった。しかし、運転手がいない。そこで、中村は、心当たりのトーエネックのOBに頼んで、朝夕の送迎バスの運転手をしてもらう段取りをつけた。

また、二七カ月にわたる工期の間には、さまざまな出来事があったという。

例えば――エプロンに建てるポール型灯器は長さ二五mの鉄製だが、真っすぐに立てたつもりが、後で確認するとなぜか微妙にずれていることがよくあった。朝、昼、夕方、夜など、時間帯を変えて確認してみると、すべて違う結果が出たという。この原因は、鉄道の線路などと同じように、夏の太陽熱を受けてポールが熱膨張したためであった。

ちなみに、このポールは建築構造物扱いなので、一本ごとに建築確認が必要になる。中部国際空港全体では五五本のポールが立てられており、申請書類を用意する手間も含めて、膨大な手間と時間がかかったという。

土を掘ったところが大雨で水がたまり、何日も引かずにプールのようになったこともあった。クルマのドアを開けた瞬間、海からの強烈な突風が吹き付けてドアが壊れたこともあった。橋ができた後でも、台風が来て橋が通行止めとなり、島へ渡れなくなったこともあった。

航空灯火

航空灯火用の穴開け作業にはカッティング工法が採用された

　こうしたさまざまな出来事を乗り越えて、現場は完成したわけだが、中村は現場に何を思うのか。

「私の現場でのこだわりは、二つあります。一つはコミュニケーション。会社のすごいところは、一人では絶対にできないことができること、この空港建設なんて、まさにそうですよね。それは一人ひとりが力を持ち寄って実現できるところだと思います。そこに必要なのはコミュニケーションです。セントレアの工事も、施工中はいろんなことがありましたが、その一つひとつを仲間たちと知恵を出し合い、力を合わせて乗り越えてきました。これは、こだわりといいますか、大切なものといったところでしょうか。そしてもう一つは、仕事を楽しむことです。セントレアのときも、慣れない仕事でいろいろと大変でしたが、いつだって現場は『新しい』んです。同じ現場なんて一つもないんだから、慣れることなんてあるわけない。でも、常に新しい経験をする中で、自分の中に蓄えができていき、目の前の事象をその蓄えに当てはめながら、新しいことに挑戦していく。そりゃ大変なことばっかりですよ！　でも、『大変だからこそ面白い』ということを実感できるのが電気の仕事の魅力ですね。私も海外旅行に行くことがあります。そのとき、窓から自分たちが設置した航空灯火の灯りがきれいに並んでいるのを見ると、本当に嬉しい気持ちで一杯になります。今日もきれいにきちんと仕事してくれてるな、って」（中村）

ターミナル（建設工事当時）

滑走路（建設工事当時）

中村たちが灯した灯りを、横垣たち若い世代が守り、灯し続けている。それはトーエネックの技術の聖火リレーと言ってもいいだろう。

一〇〇年残るランドマークを無事故・無災害で

トーエネックの施工実績としては、先述のセントレアのような国家的プロジェクトもさることながら、工場など数々の製造拠点も手掛けている。トーエネックのお膝元である中部圏は、ものづくり愛知の言葉の通り、日本の製造業の中心拠点であり、日本経済を牽引しているといっても過言ではないだろう。製造拠点は同社が得意とする分野であり、元気な中部の企業を後押ししながら、日本経済の発展を陰で支えてきたと言っても過言ではない。製造拠点の電気設備工事は内線部門の仕事である。内線とは文字通り、建物の屋内線だ。そして、この内線部門の責任者は、執行役員で営業本部の内線統括部長を務める山崎重光である。

現在、内線部門には七〇八名の施工担当者を含め、部門全体では約一三五〇名が所属している。トーエネックの社内では、配電本部に次ぐ大所帯である。売上構成比から言っても、全社の三五・八％（二〇一八年度実績）を占める基幹部門の一つだ。その最大の強みは、「施工担当者の真面目さ」だと山崎は言う。

「真面目で、一つひとつ、地道にコツコツ仕事をしてくれています。そこがいちばんの強みなんだと思っています。皆にはこれからも変わることなく、しっかりとお客さまに対応していってほしいですね」

建築物の内線工事を手掛けるという性質上、内線部門の顧客は中部地方だけにとどまらず、東京圏や大阪圏、さらには九州や北海道など全国に広がっている。手掛ける物件の中には、地域のランドマークと呼ばれる大規模物件も数多く含まれているという。

「ランドマークというのは『一〇〇年以上の永きにわたり使われ続けるような重要な建物』であると認識しております。それだけに、絶対に無事故・無災害でなければならない。万一何かあったら、その建物が残っている限り、一生言われ続けるからです。『あそこのビルを建てるとき、事故があったんだよ』と。もちろん、どんな建物であっても無事故・無災害は当然なんですが、特にランドマークというのは、大勢の方がご覧になりますし、皆さんの記憶にも記録にも残るものですから」（山崎）

地元である名古屋駅前の名駅エリアには、ランドマークが数多く立ち並び、国内外から訪れる多くの人が目にしている。その多くのビルにおいて、トーエネックは何らかの形でプロジェクトに携わっている。施工担当者にとって、そのような建物の建設に携わることが、大きなやりがいとなっている。山崎も自分が施工した物件を家族と見に行き、「ここだよ。このビルはお父さんの会社が電気をつけたんだよ」と話して聞かせたこともあったという。

もっともやりがいを感じる瞬間だと言ってもいいと山崎は目を細める。

「この仕事をやっていて面白いのは、建物の裏側、バックヤードまで知ることができるということです。例えば、ビルが完成したとして、一般の方なら表側は見て回れても、バックヤードには立ち入れません。ビルの関係者にしても、例えば屋上に出たことがある人はほとんどいないでしょう。ビルの屋上からの素晴らしい眺望を望んだ時など、そういう多くの人の知らない場所まで見ることができ、知ることができるというのは、やはり、この仕事ならではだと思っています」（山崎）

他部門と同じように、内線部門でも目下の至上命令は「働き方改革」である。「働き方改革関連法案」については、一般的な大企業が二〇一九（平成三一）年四月から適用された。建設業は五年の猶予があるとはいえ、待ったなしの状況だ。

人材の確保。

教育の充実。

システムの開発。

この三つが、現場における「働き方改革」を推進する上での目下の課題である。いずれも一朝一夕にできる仕事ではないが、喫緊の問題として必ず達成しなければならないと山崎は話す。

執行役員 営業本部
内線統括部長　山崎重光

「業界全体としても、仕事のやり方を変えていかなければならないと思っています。一社だけの取り組みでは立ち行かない。建設会社や協力会社の職人さんたちも、一緒になって進めなければ変わらない。そのためにも職人さんの処遇を改善して、休むということの大切さを理解してもらえるような仕組みづくりをする必要もあると思っています」

また、これも他部門と共通する課題であるが、人材の確保や育成および教育に関して、「今の若い人たちは、失敗を許されないものだと思っているようだ」と山崎は言う。

「私が若い頃というのは、『失敗というのは成長の糧である』という考え方が通用する時代でした。若いうちにたくさん失敗して、恥をかいて、それが本人の成長に繋がっていけばいい――そういう考え方です。それが、今は繁忙感が強いせいか、ノーミスで完成までもっていかなければいけないという雰囲気があります。ただ、失敗しろと言っているわけではない。もちろん、失敗しないほうがよい。私が言いたいのは、失敗を恐れて挑戦しない人にならないでほしいということです。今まで誰かが歩んできた道を歩いたり、前例に倣っていれば当然、失敗することは少ないです。でも、そうじゃないでしょう？　トーエネックの仕事は工場のライン作業じゃない。自分で考えて作り出していく仕事です。挑戦しないのは、長い目で見れば会社にとってよくないどころか、悪いことと言ってもいいんじゃないでしょうか。失敗の程度にもよりますが、周囲の者も、もう少し寛容に、失敗を許容できる雰囲気をつくってあげてもいいのではないかと思います」

その他、内線部門のメンバーに対する今後の課題として、山崎は「今やっている屋内線工事の基盤を盤石にすること」「社内外に対して提案力を身に付けること」「誠実さとともに、チャレンジ精神を持ち続けること」などを挙げている。いずれも簡単なことではないが、山崎の言葉には「何としてもやり遂げる」という強い意志が感じられた。

山崎の語る内線部門の理念や取り組みは、現場でどのように受け止められているか——中部本部 内線部 工事第三グループ長を務める大熊直純に聞いた。工事第三グループは、電気設備工事の施工・管理、営業、労働安全衛生、品質管理、環境保全および協力会社の育成指導など幅広く担当する部署だ。

大熊は新卒入社以来、一時JR東海株式会社へ出向していた期間を除けば、四半世紀以上にわたる彼の社歴において、ほぼ一貫して内線部門に配属されてきた。これまで、オフィスビルやマンション、工場など幅広く手掛けてきた。

前述した通り、内線部門の仕事である屋内の電気設備工事は、建物自体の建設工事と並行して進めるため、一件の現場での工期が長くなるのが特徴だ。大熊の場合、一件当たりおよそ一年から一年半近く、二年半に及んだ現場もあったという。その、二年半に及んだ現場というのが、名古屋駅前に二〇一五年一一月に竣工した「ＪＰタワー名古屋」だ（開業は二〇一七年四月）。これは地上四〇階建て、最高高さ一九五・七四ｍという超高層ビルである。二〇一〇年代にほぼ同時進行で進められてきた名駅地区の大規模再開発の一環であり、その特徴的なファサードで知られる駅前ランドマークの一つとなっている。大熊は言う。

「名駅地区は中部圏最大のオフィス街であり、商業エリアです。当社はこのエリアにおいて「ＪＲセントラルタワーズ」「ミッドランドスクエア」など主要な建物の建設工事に携わっています。これは、非常に名誉なことであると思っています。いずれも後世に残るような建物ですから、その一つに自分が関わることができたことで、大きなやりがいを感じましたし、このやりがいこそ、内線部門の魅力とも言えるのではないでしょうか」（大熊）

「ＪＰタワー名古屋」における大熊の担当業務は、建物本体の建築を担当する各種施工業者と作業工程や資機材の搬入出スケジュールなどの調整を行ないながら、協力会社が担当する工事のスケジュール調整、工程管理・品質管理・安全管理全般を行う。現場が大きくなればそれだけ、大勢の業者が入り、同時進行で作業を進めているため、一日のスケジュールだけ見てもきわめて繁忙であり、大小のトラブルも少なからず発生する。例えば、ある施工業者の作業が遅れ、当社がその日予定していた作業ができなくなるようなこともある。作業員を遊ばせておくわけにはいかないから、直ちに予定を変更して別のフロアや別の作業を先に進めてもらうといった対応をとる場合もあるが、変更した結果、再調整・再々調整が必要になることもある。もちろん、突然の予定変更だったとしても安全や品質の確保は変わらないから、臨機応変に対応し、不備のないようにしっかりと現場を監督していく。現場担当者の対応力が問われる。

「日々の業務としては、朝礼でその日の作業予定などの周知や申し送りなどをした後、現場内を巡視して、安全に作業が行なわれているか、資材の不足や工程の遅れがないかなどを確認します。それから事務所に戻って現場の図面を作製したり、お客さまとの先打ち合わせや、書類作成などの業務を行ないます。

図面作製は、私の入社当時にはドラフター（製図台）で一枚いちまい手書きしていましたが、二〇〇〇年代くらいからCADソフトを使ってパソコン上で作製するようになりました。建物の内部は平面CADでは無理なので、使用ソフトはARCDRAWやTfasなどの3D CADで、これはトーエネックでは内線部門のほか、空調管部門などでも使用しています。これら最新設備の導入により、現場事務所での作業環境は大きく向上していると思います」（大熊）

「内線部門もそうですが、当社がやってる設備工事の仕事は、自分一人ではできませんから、やはりコミュニケーション能力や社内外との交渉能力が不可欠です。

中部本部 内線部 工事第三グループ長　大熊直純

その一方で、自分で判断しなければならない場面も多いので、資料や情報を分析し、自ら考えて判断できる人間、積極的な行動力のある人材が求められています」（大熊）

経験の浅い担当者だと、時には判断に迷うこともある。そのようなとき、会社のデータベースにはこれまでの膨大な施工実績がある。それらを紐解けば、疑問の答えや、何かしら解決のヒントが見つかるはずだと大熊は言う。

「先輩や上司が忙しくて判断を仰ぐことができない時も過去の施工資料などを自分で調べ、判断していくことが求められます」（大熊）

これまで見てきたように、トーエネックはすべての部門のメンバーがさまざまな資格を持ったプロの技術者集団である。内線部門の場合、必要となる資格としては第一種電気工事士、一級電気工事施工管理技士、消防設備士などがあり、大熊のようにマネージャークラスになると、電験三種や電気技術士などの上級資格を持つ者も多い。

「必要に応じて自分で勉強して資格を取得することもありますが、会社の教育制度も整っているので、プロとしての意識付けもしっかり行なわれています。部下に対しても、現場は忙しいけれど、資格は積極的に取るよう話しています」（大熊）

勤続二七年目を迎えるベテランの大熊だが、彼に言わせると、トーエネックの内線部門には多くの強者が顔を揃えているそうだ。中には工期が三年も四年もかかるような大規模な現

JPタワー名古屋

JRセントラルタワーズ

ミッドランドスクエア

場や、工場や病院など特殊な施設の工事を数多く手掛けてきた者もいる。

「私が経験したことのない現場で、きちんと結果を出してきた人たちは、同期であっても後輩であっても、『凄いな』と思います。当社は全国の各拠点にそういう人がたくさんいる。そうした人材の層の厚さは当社の強みだと思っています」（大熊）

特殊な施設の工事の場合、例えば薬品工場のクリーンルームであれば、気密性を保持するために、コンセントの内部にゴム製の防塵パッキンをかぶせたり室内ではなく天井裏からランプ交換ができる特殊な仕様の照明器具を取りつけるなどきめ細かい対応が必要になるが、トーエネックには数多くの施工実績があるため、対応力には絶対の自信があると大熊は太鼓判を押す。

また、現場によっては内線部門だけでなく、ときには空調管部門や情報通信部門などとも連携し、いわば「ＯｎｅＴｅａｍ」として、オールトーエネックで対応できるのも当社の大きな強みであると大熊は強調する。

「社内にいろいろな部門や部署がありますから、それぞれが持つ豊富な知見やノウハウを結集し、時には部門や部署の垣根を越えて優秀な人材を現場に送り込み、力を合わせて完成させる。それを可能にする会社としての技術力の高さこそトーエネックの最大の強みだと思います」（大熊）

大熊ほどのベテランであっても、やはり「現場は辛いものだ」と言う。しかし、大熊はこう続ける。

「どんな仕事であっても、楽しいばかりのはずがない、辛い時があるのは当たり前。だから、どうせやるなら『明るく、楽しく、元気よく』働いていこう、と。自分の目標を立てて、そこに向かって進んでいけるように、部下にはいつも話しています。

私たちの担当する現場は、後世に残していくような建物がたくさんあります。そういう仕事はやりがいもありますし、将来、自分の子どもができたときに『あのビルは、お父さんたちがつくったんだよ』と話してやれたら、誇らしい気持ちになるじゃないですか。そういうふうに話しています。

また、当社では『働き方改革』が浸透してきています。現場でも、皆で協力し合って、定時で上がるとか、連休なども取りやすくなってきています。『レインボー休暇』や『リフレッシュ休暇』など、いろいろな休みもありますし、年次有給休暇の取得率も年々、向上していっています。これからもっともっと働きやすく変わっていくのだと感じています」(大熊)

内線部門トップの山崎から大熊ら現場のリーダーまで、一丸となって取り組む「働き方改革」。この波は、内線部門をはじめトーエネック、いや、建設業界全体の在り方を大きく変えていくに違いない。

2. お客さまの「願い」をかなえる技術力

田原市給食センター

トーエネックの事業内容は、架空線・地中線などの配電工事、あるいは電気設備工事など、やはり、電力供給と直接的に関わる事業が中心となっていて、外部からもそのように見られることが多い。だが、設備工事会社としてのトーエネックが展開している事業は、無論、それだけではない。さまざまな電気の利用に伴い、トーエネックの手掛ける事業も多岐にわたる。その一つが、空調管部門が担っている空調衛生設備工事だ。

空調管部門は、空気・水・熱を扱い、冷暖房・換気・給排水・衛生・消火設備などの工事を行なっている。内線部門と並ぶ省エネルギーの中核を担う部門である。

空調管部門における特徴的な施工実績を紹介しよう。二〇一三（平成二五）年一月から一年間、愛知県田原市で行なわれた「田原市給食センター」の工事である。同工事では電気設備工事とともに空調衛生設備工事を行なった。この案件をトーエネックにもたらしたのは、現在、営業本部営業部の営業第一グループの担当課長職にある福嶋敏勝である。

田原市給食センター

福嶋は愛知県名古屋市に生まれ、進学・就職した地元出身者である。入社したのは二〇〇八（平成二〇）年二月、前職は厨房機器メーカーの営業マンであり、当時から仕事上で付き合いがあった中部電力の担当者から紹介を受け、入社することとなった。

入社してすぐ、ＰＦＩ事業なども含めた提案営業のメンバーに加わることとなった。ＰＦＩ（Private-Finance-Initiative）事業は「民間資金等活用事業」とも呼ばれる。民間の資金と経営能力・技術力（ノウハウ）を活用し、公共施設等の設計・建設・改修・更新や維持管理・運営を行なう公共事業の一つだ。

トーエネックは受変電設備・幹線動力・電灯コンセント・放送・自動火災報知設備・車両管制設備などから、太陽光発電設備や小型風力発電設備まで、電気設備工事全般と、熱源機器、空調機器の設置や給排水設備など、空調衛生設備工事全般を担当した。

田原市給食センターは、当時、画期的な給食施設として注目されていた。その理由は二つある。

一つは、給食の生産ラインをすべて電力で稼働させる、オール電化給食センターであったこと。それも、一日九〇〇〇食分を賄うことが可能な、当時としては、日本最大級のオール電化給食センターだった。

そしてもう一つは、給食センター内の労働環境を大幅に改善するシステムが導入されたこ

営業本部 営業部 営業第一グループ 担当課長　福嶋敏勝

とだ。そのシステムこそ、トーエネックが業務用厨房機器メーカーの株式会社ＡＩＨＯと共同開発した、学校給食センター向け省エネルギー洗浄システム「Eco-Vent ACA」である。

今回の工事に至るまでの経緯に触れておこう。田原市では、給食センター施設の老朽化に伴い、建て替えの計画を温めていた。そこで福嶋は田原市を訪れ、オール電化の給食センターを提案した。

すると、田原市から福嶋に対してこんな問い掛けがあった。

「九〇〇〇食規模の給食センターに、実際にオール電化を導入した実績はありますか？」

「そもそも、オール電化でそれが可能なものですか？」

こういう質問が出てくるということは、相手も興味を抱いてくれている様子だ。

「これだけの規模のオール電化の給食センターは、実績としてはありません。田原市さんに導入いただければ、全国初の事例になります」

「オール電化でも九〇〇〇食は十分つくれます」

こういったやり取りを重ねながら、手応えを感じた福嶋は、その後も折に触れて田原市に足を運び、オール電化導入のメリットを説いた。

もちろん、「給食センターの建て替え」は、決定までに長い時間のかかる一大事業である。

そのことを誰よりも承知している福嶋は、継続的に提案を続けた。こうして三年たち、四年たち――福嶋の長い地道な努力はようやく実を結び、ついに新築する給食センターのオール電化が採用されたのである。

厨房はオール電化。電気設備工事と空調衛生設備工事はトーエネック。こうして具体的な設計が始まった。

あるとき、田原市から、こんな要望があがった。

「従来の給食センターが抱える問題を解決する施設にしたい」

この田原市からの要望を聞いたとき――福嶋の脳裏には、ぜひともこの給食センターに導入したい新製品があった。

福嶋は答えた。

「当社が業務用厨房機器メーカーのＡＩＨＯさんと共同開発した製品がぴったりだと思います」

そう言って、福嶋が提案したのが、前出の学校給食センター向け省エネルギー洗浄システム「Eco-Vent ACA」であった。

福嶋は早速、資料を用意してこの新製品の機能とその特長、期待できる導入効果などを説明した。メリットは、省エネルギー効果とランニングコストの削減、さらにセンター内での労働環境が大幅に改善される点である。一方で、設計変更によるスケジュールの見直しや、必要な空調衛生設備の増設などに伴う工事費用の増加など、マイナス面もあったが、トータルで見ればコストはほとんど変わらないことも説明した。

「『Eco-Vent ACA』は特許を取得していましたし、どこかの施設で導入することができれば、今後、実績として次の給食センターに繋げていける、そういった当社側の事情ももちろんありましたが、それ以上にこの製品を導入することで、給食センターで働く方の作業環境が大幅に改善できる自信がありました」（福嶋）

こうして、福嶋たちの熱意が通じ、新製品「Eco-Vent ACA」の導入が決定したのである。

ここで話は「Eco-Vent ACA」の開発に遡る。二〇一二年のことだ。開発当時、トーエネックで「Eco-Vent ACA」開発の中心メンバーだったのは、現在、技術研究開発部の研究開発グループで研究主査を務める千葉理恵であった。

千葉も福嶋と同じく、名古屋出身で、大学卒業後はゼネコンに入社し、設備部門の設計に配属され、そこで五年ほど勤めていた。ゼネコン時代は、主に事務所や宿泊施設などの空調衛生設備の設計・監理業務に携わっていたという。同社を退職後、大学時代の恩師がトーエネックの技術研究開発部の技術研究を通じて交流があり、また、大学時代の一年先輩がトーエネックに勤めていたという縁もあって、一九九九（平成一一）年八月に入社することに

技術研究開発部 研究開発グループ 研究主査　千葉理恵

なった。

入社後は、主に空調衛生設備の省エネルギーに関する研究を担当してきた。

「もともと、私が設備に関係する仕事に就いたのは、省エネルギーな設備やシステムを開発し、それを普及したかったので、トーエネックに入社が決まった時は、これからもそういう仕事ができると期待していました」と千葉は言う。

千葉は、建物の空調衛生設備の研究をはじめ、コージェネレーションシステム（電気をつくりながらその排熱も利用し、総合効率を高めた設備）をより効率的に活用する研究などもしていた。

そこへ、福嶋から持ち込まれたのが、ＡＩＨＯとの共同研究の仕事であった。福嶋は、前職で厨房機器メーカーに勤めていた縁で、ＡＩＨＯからトーエネックの持つ空調衛生設備の知見を活かした技術協力を求められ、千葉の元へ相談に来たのである。

給食センターの洗浄室が抱えている問題は大きく二つあった。

一つは、洗浄機から出る熱や水蒸気が短時間で室内にこもり、その熱処理ができずに暑熱環境となって、それが原因と思われる体調不良を訴える職員が出ていること。もう一つは、洗浄機は水と熱の使用量が多く、エネルギーの消費量が多いことである。

これらは、福嶋が営業活動を行なってきた中で、給食センターで働く人たちからしばしば耳にしていた悩みであった。そこに製品開発のニーズを感じた福嶋は、地元のメーカーであり旧知のＡＩＨＯに「給食センターではこういうものが求められていますよ」と提案し、トーエネックも交えて開発に取り組むことになったのである。

まず、問題の改善検討にあたり、千葉は給食センターに行ったことがなかったため、「給食センターの洗浄室はどのような状況なのか？」を実際に確認するため、ＡＩＨＯの担当者や福嶋らと愛知県内の給食センターを二カ所見学させてもらった。そこで見た光景は、千葉をひどく驚かせた。洗浄作業が始まると室内は洗浄機から放出される水分と熱で徐々に湿度が高く蒸し暑い状態となり、天井の一部が結露するほどであった。

「この状態で長時間作業することは身体的な負担が大きく、職員の体調に影響するのもうなずけると思いました」（千葉）

換気や空調処理能力を増強すれば暑熱環境は改善するが、空調の消費エネルギーが増加してしまう。すなわち、省エネルギーとならない。そのため、洗浄機から放出される水分や熱を抑えることで、室内環境を改善し、かつ、洗浄機に投入するエネルギーを抑えることが目標となった。既存の洗浄機の改良に向けて、両社が協力し、試験を繰り返す日々が始まった。

「Eco-Vent ACA」は、従来品の「ＡＣＡ」を改良したものであるが、その大きな違いは、

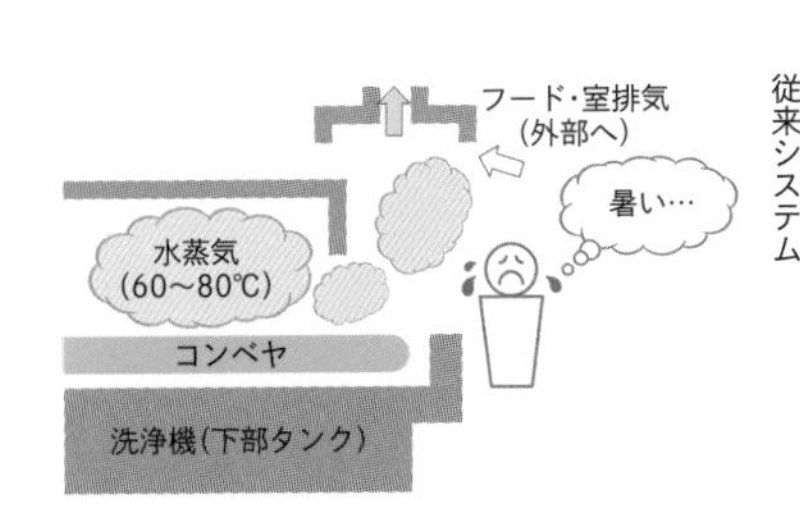

「ＡＣＡ」は洗浄機内の水蒸気を排気するだけであったところに、「Eco-Vent ACA」は給気を加えた点である。給気することでエアーカーテンがつくられ、水蒸気の排出を抑えることができた。

ところが、外気を取り込むことによる問題点もあった。冬季は冷たい外気が入ってしまうため、洗浄機内が冷やされてしまう。この他、給排気を行なう場所によって消費熱量が変わるなど、この給気と排気を絶妙なバランスに保つことが、今回の開発でもっとも苦労した点だったという。

「この『Eco-Vent ACA』は、食器洗浄機と換気システムを一体化したもの、と申し上げればイメージしやすいと思います。洗浄機というのは、水にヒーターや蒸気の熱を加えて、六○℃から七○℃の温水をたくさんつくり、洗浄機内を通過する食器に温水を噴霧して洗うわけですが、この噴霧による水蒸気がどんどん外に漏れていってしまうと、部屋は湯気でもうもうとなる上に、補給される水の温度を上げ続けるために次から次へ熱を投入しなければなりません。部屋に漏出した分は熱の無駄になってしまいます。水蒸気を漏らさない『Eco-Vent ACA』なら、無駄な湯気の漏出がほとんどないので、作業環境の改善とともに、省エネルギー効果も期待できます」（千葉）

ちなみに、「Eco-Vent ACA」というネーミングは、前述したように既存のＡＩＨＯの洗

開発システム

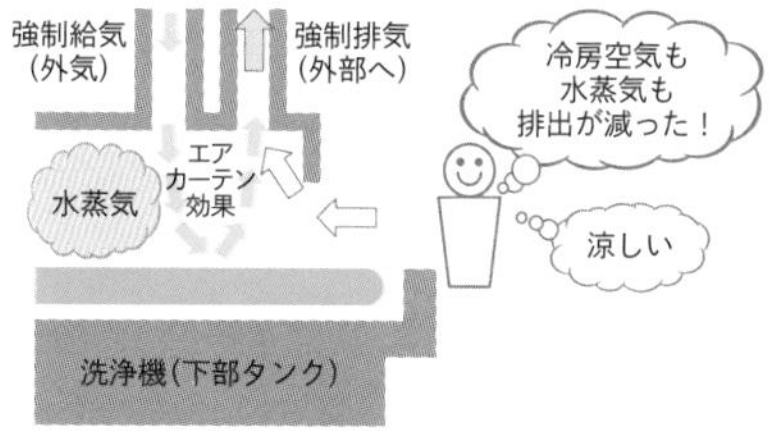

強制給気（外気）
強制排気（外部へ）
冷房空気も水蒸気も排出が減った！
エアカーテン効果
水蒸気
涼しい
洗浄機（下部タンク）

浄機の商品名である「ＡＣＡ」に、省エネで環境に配慮したという意味で「ＥＣＯ」と換気(ventilation)の「Vent」を繋ぎ、組み合わせたものであるが、福嶋によれば命名者は千葉であるという。

「私の現場へのこだわりは課題を技術で解決することによって、お客さまが喜び、社会の役に立つような研究開発を行なっていくことです」(千葉)

培った経験が現場に活きる

田原市給食センターの空調衛生設備工事を担当したのは、現在、東京本部で空調管部の工事第二グループ長を務めている坂本淳である。坂本はこの当時、岡崎支店の営業部に所属しており、同工事で現場所長を務めていた。

坂本は横浜市の出身で、一九九六(平成八)年四月、新卒でトーエネックに入社した。大学時代は電気工学を専攻しており、電気工事関係ということで就職先を探していたという。トーエネックの本社は名古屋だが、東京本部もあったため、関東出身者であれば優先的に東京勤務に回してもらえるだろうと期待していたという坂本だが、入社後は本店へ配属となり、そのまま二〇年近く中部勤務が続くことになる。現在の東京本部に転属となったのは、田原市給食センターの工事を終えた五年前のことだ。「二〇年かかってやっと入社当時の希

試験機のテスト運転の様子

望がかないました」と坂本。

入社以来、一貫して空調管部門の工事に携わってきたという坂本だが、給食センターという施設を手掛けるのは、この田原市の物件が初めてであったと言う。

「これまで、いろいろな物件を担当してきたので食品工場もやったことがあります。給食センターは、トーエネックとしては何度か受注していますが、私自身が担当したのはこのときが初めてです」（坂本）

初めての給食センターだったと言うが、そこは入社以来、空調衛生設備畑でやってきた坂本のこと、田原市給食センターでもこれまでの経験が遺憾なく発揮された。

過去に坂本が手掛けた食品工場などと同様に、食品を取り扱う給食センターでもＨＡＣＣＰ（Hazard Analysis and Critical Control Point）という食品衛生法上の衛生管理基準が適用され、例えば汚れがたまりにくい構造にするといったことなどが求められた。そこで坂本はこれまでの食品工場の工事などの経験を大いに活かし、排気口から虫が侵入しないようにする、建物内を非汚染区域と汚染区域に分けて、汚染区域からの空気が非汚染区域に流れ込まないように空気の流れをつくる、といった対応をきっちりと行なった。

そんな知識と経験豊富な坂本を驚かせたのが、「Eco-Vent ACA」である。

坂本は、「Eco-Vent ACA」の開発の話を聞いて「熱気と湯気を減らすのがこんなに大変

東京本部 空調管部
工事第二グループ長　坂本淳

だとは思わなかったです。でも、導入してみたら、これほど空調負荷が低減でき、作業環境がよくなるとは驚きました」と話す。この工事の経験はまた一つ、坂本の財産となったに違いない。

また、田原市給食センターは前述の通り「日本最大級のオール電化給食センター」であり、また、新製品「Eco-Vent ACA」の初の導入事例という大きな特徴もあったため、全国の自治体関係者や給食センター関係者、厨房機器メーカー、建設業者、設備工事業者など、さまざまな見学希望者が見学に訪れた。

見学者の対応には、坂本が当たり、自らが「Eco-Vent ACA」を導入して感じた驚きを交えて、そのメリットを説明した。

「国内に働きやすい環境の給食センターが増えたらいいなと思い、説明に当たりました」と坂本。

そして工事は無事に完了し、試運転の日を迎えた。

この日、初めて衆目の前で稼働した田原市給食センターの各施設は、見る者に新鮮な驚きと興奮、そして感動をもたらしたという。多くの給食センターが抱えていた課題――フル稼働時に発生する湯気は、ほとんど室内に漏れ出すことなく、排気されていた。それまで、もうもうたる湯気の中で、暑い中で仕事をしていたセンター職員たちからは、称賛と感謝の

Eco-Vent ACA

調理室

言葉が上がった。
後日、給食センターではオープン前に、関係者を招いての試食会を開催し、施設でつくられた給食が振る舞われた。福嶋も坂本もこれに参加しており、出された給食を自分の舌で味わった。
「給食、おいしかったですよ。坂本さんも呼ばれて、何十年ぶりの給食だろうと言いながらうれしそうに食べていました」(福嶋)
今日も同給食センターでつくられた給食が、多くの子どもたちに笑顔と笑い声をもたらしていることだろう。
「私の現場のこだわりは、楽しむことです。工事の最中は楽しんでいる余裕なんてまったくありません。私もかなり厳しい顔をしていると思います。そんな中、どうやって楽しむのか。直面した問題を皆で知恵を出し合って一つひとつクリアして、完成へ向かう。お客さまのニーズに頑張って応えていく。目の前の壁を一つひとつ乗り越えていくプロセスが困難であればこそ、無事に工事が終わった時、楽しかったと言えるんじゃないかなと思います」(坂本)
田原市給食センターの工事は、現場から上がったボールをまず福嶋が受け、それから千葉を経て、最後、坂本に渡った。この連携プレーこそ、坂本の言葉にもある「直面した問題を皆で知恵を出し合ってクリアしていく」ことに他ならない。そして、そこに喜びや楽しさを見出すのは、坂本の言葉であると同時に、トーエネックで働く社員全員の言葉であると感じた。

大きな跳躍が期待される空調衛生設備工事

現在、坂本は東京で同時進行する複数の現場を抱える責任者として、忙しい毎日を送っている。この坂本をはじめ、全国の本部・支店に所属している空調管部門のメンバーを統括しているのが、執行役員で空調管本部の空調管統括部長の役職にある渡部篤である。

トーエネックは、渡部が入社する四〇年以上前から、冷暖房・空調分野の工事を手掛けていた。当時は中部電力の建物、例えば、事務所や変電所などの空調衛生設備の施工を主に行なっていたという。中部電力以外、一般のビルなどが増えてきたのは、ちょうど渡部が入社した一、二年後、バブル景気の時代のことだ。この時期、トーエネックの空調衛生設備工事は急激な成長を遂げ、人員も売上も右肩上がりの時代を迎えた。その後、バブル崩壊後やリーマンショック後など、よくない時期もあったが、渡部は入社から三〇年間、拡大も縮小も含めて、一貫して同部門とともにあり続けた。

現在の空調管部門は、国内の好景気を追い風に、確実に業績を伸ばしている。さらに、二

○一六（平成二八）年二月にプラント配管工事を得意とする旭シンクロテックを子会社とし、首都圏での営業活動を加速させた。東海三県ではトップ企業の仲間入りを果たしたと言える。

空調管部門の強みについて、渡部は、

・提案、設計、施工、及びその後の保守メンテナンスまで、一貫して対応可能であること。当社は提案段階から、将来的なメンテナンスも考慮に入れた設備をお客さまに提供できる。
・電気設備工事や、情報通信工事も含め、一社でトータル対応できること。
・中部電力グループと当社がこれまで培ってきた、ブランド力があること。

の三つを挙げている。

また、トーエネックは設備工事に関して間口が非常に広いと語る。「当社は、部門内はもちろんのこと、部門の垣根を越えたチームワークが最大の強みだと思います。それぞれの部門が持つ長所を最大限に生かし、時にはカバーし合いながら、お客さまの要望にお応えします」（渡部）

空調管部門は今後もさらなる拡大をめざし、現在取り組んでいるのが、営業力の強化と、

執行役員 空調管本部
空調管統括部長　渡部 篤

施工体制及び技術力の確保である。その一環として、人材の早期育成に力を入れている。

渡部は、社員教育の場において、常々「三つのCを大切に」ということを伝えているそうだ。

・Communication（コミュニケーション）

・Consensus（コンセンサス）

・Challenge（チャレンジ）

これは、現在、空調管本部長を務める取締役専務執行役員の堀内保彦が就任したときの言葉であるという。この言葉に、渡部は「四つ目のC」として、

・Change（チェンジ）

を付け加えた。

「何かをなすためにはコミュニケーションが必要ですし、メンバーの間にコンセンサスがなければ方向が変わってしまうかもしれません。そして、新しいことや難しいことにチャレンジすることが大事です。そして最後はチェンジ、『変わろう』とか『変える』ということです。この四つのCに取り組もうと、皆に伝えています」（渡部）

3. 自信と実績が織り成す「信頼」

近畿大学の情報通信工事

建物一棟に対して、トーエネックが担当する主な工事には、電気設備工事、空調衛生設備工事、そして情報通信工事の三つがある。

これらの中で、情報通信工事は歴史も新しく、今後の市場ニーズや将来性という意味では期待されている分野であることは間違いなく、いわば、過去の実績よりも未来の可能性で評価されるべき事業だと言えるだろう。

主な仕事としては、携帯電話の基地局や光インターネット設備、ケーブルテレビ設備などの設置工事から、大学、病院などのネットワークインフラ構築、工場などの監視カメラ、最近では高速道路の通信工事も手掛けておりバラエティーに富んでいる。

情報通信統括部の技術・保守グループ担当課長の柴田充は次のように語る。

「『通信』という部署は以前からありましたが、ITソリューション業務をスタートしたのは、事実上私たちが第一期生だと言えます。私の同期三名と、一年先輩の世代が三名、合わ

せて六名でスタートしました」（柴田）

岐阜県出身の柴田は一九九八（平成一〇）年四月の新卒入社。地元の工業高等専門学校卒業後、大学は工学部の電子情報工学科に三年生から編入し、さらに大学院まで進学する。

トーエネックへ入社後、最初に配属された先の正式名称は、当時「電力本部 電子通信部マルチメディアグループ」といった。その中でも柴田はマイクロソフトを担当するMS班（仮称）へ配属された。

新入社員研修の後、前述の同期三名と、一年先輩が三名の計六名は一室に招集され、マイクロソフトの認定資格「MCSE」（システムやアプリケーションを設計できるスキルを持つIT技術者であることを証明する資格）を半年間で取得せよ、とのミッションを受けたという。

「『マイクロソフトのパートナー契約をとって、新しいビジネスを始める』ということでした。そのためにはまず、全員がこの資格を取得する必要があったのです」（柴田）

そして、それから半年後には、このとき集められた六名全員が同資格を取得した。

一九九八年といえば、Windows 98 がリリースされた年である。Windows シリーズは、これ以降、急速に進化していく。

パソコンの進化とともに、企業のIT機器導入などの動きも徐々に増えていた。トーエネックとしても、これまで携帯電話など移動体ネットワークといった情報通信関係の仕事は

情報通信統括部 技術・保守グループ 担当課長 柴田充

行なっていたが、ＭＳ班（仮称）としては、新規事業ということで、既存顧客はなく、また、パソコンにしても当時はまだ一人一台という環境ではなかった。インターネットはあったものの、接続はダイヤルアップ回線が主流。ＬＡＮ工事なども、オフィスの床を上げて、その下にケーブルを這わせて引っ張るという形だった。これは、トーエネックの事務所からしてそうであった。

ただでさえ、時代はその頃、バブル崩壊後の不況期の真っただ中である。柴田ら六名のＭＳ班（仮称）は、会社から渡された取引先リストに記された会社に片っ端から電話して、アポイントを取ると、マイクロソフトが当時力を入れていた、中小企業向けのパッケージソフトの提案などをしていたという。

その後、二〇〇八年七月、柴田は大阪本部へ異動となる。

そして――柴田と近畿大学との関係が始まった。

近畿大学は、大阪府東大阪市小若江に本部を置く私立大学である。一九二五（大正一四）年にその前身である大阪専門学校が設立された私立大学で、二〇二五（令和七）年に創立一〇〇年を迎える日本有数のスケールを誇る総合大学だ。

同大学のキャンパス内の様子は、我々が抱く大学のイメージとは一線を画す。

例えば図書館だ。豊富な蔵書があるのは当然のことながら、ソファやガラス張りの小部屋などが随所に置かれ、そこを利用する学生にさまざまな学習シーンを提供していることに驚かされる。その他、まるで本物さながらの法廷教室や、原子力研究所、キャッシュレス決済ができる次世代型食堂など、一般的な大学では見たことのない施設や最新の設備がずらりとそろえられており、ありとあらゆる角度から学生の脳を刺激する。こんな大学で学んでみたいと誰もが憧れるに違いない。

近畿大学とトーエネックは、もともとトーエネック大阪本部で同大学の電気設備工事を受注したのが最初の取引であった。電気設備工事は、一度施工すれば終わりではなく、その後も、保守・メンテナンスなどで継続的なお付き合いとなる。

その間に「もっと幅広い仕事を」ということで、情報通信工事関係の提案をすることになった。

まずは、二〇〇八年七月から九月、「語学センター二〇一教室CALL教室構築」が最初の情報通信工事であった。

翌二〇〇九（平成二一）年四月から二〇一〇（平成二二）年三月まで、「G館SIS一〜五及びG館AV構築」。

立て続けに、二〇一〇年四月から九月まで、「B館三〇二〜三〇六のPC教室更改」。

法廷教室

そして、二〇一〇年一〇月にスタートしたのが、「KUDOS（情報処理教育棟）におけるブロードバンドコミュニケーション対応工事」であった。KUDOSは（Kindai University Dream Operating System）の頭文字で「キューダス」と読む。近畿大学における情報関連業務の中枢に当たる建物である。当時、KUDOSでは、三期に及ぶ整備事業が取り組まれていた。二〇一〇年に始まった一期工事では、一教室のPC五〇台を更新、続く二期工事は二〇一一（平成二三）年に行なわれ、三教室のPC一八〇台を更新、最後の三期工事も二〇一一年に行なわれ、六教室のPC三六〇台を更新した。トーエネックとしては三期のうち、一期と三期の工事を受注している。三期工事は、二〇一一年一〇月に無事完了して引き渡しとなった。

このKUDOS内に事務所を構えているのが、近畿大学総合情報システム部である。同部は近畿大学の法人全体のICTの基盤となるシステムの企画・設計・構築・運営を担当している他、業務アプリの企画・開発・維持運用など、ICT関連の業務全般を担っている部署だ。総合情報システム部教育システム課の髙木純平氏は、柴田とはかれこれ一二年近い付き合いとなる。

「柴田さんとお付き合いしていて感じるのは、『非常に調整能力の高い人だな』ということです。我々がトーエネックさんに仕事を発注する際は、『要件定義書』というものを作成し

KUDOS（情報処理教育棟）

総合情報システム部
教育システム課　髙木純平 氏

ます。簡単に言いますと、我々のリクエストを明文化したものです。しかし、実際に構築を進めていくと、時として追加の要望が出てきます。そこを柴田さんに相談すると、柔軟に対応してくれます。『最初の要件になかった』なんて言われたことがない。柴田さんは、上手に各方面と調整してくれる。そういうところが、柴田さんしか持っていない良いところだと思います」（髙木氏）

柴田の仕事ぶりについて、特に印象に残っていることとして、髙木氏は二〇一六年三月末までに合計で三棟（C館・G館・一八号館）のパソコン教室合計一五室を同時期一気にリプレースする、という難題に取り組んだ際のことを例に挙げた。

「この三つの建物は、たまたまトーエネックさんにお願いしているところだったのですが、三棟同時期にやるというのは、我々としてもかなり大変なことだったので不安でした。金額も規模も大きい案件でしたし。実のところ学内から、トーエネックさん一社に任せて大丈夫なんだろうか、と心配する声も上がっていましたから、柴田さんに『ほんまに大丈夫ですか？　これコケたら大ごとになりますよ？』という話をしてみたら、柴田さんは『大丈夫です』と即座に断言してくれました」（髙木氏）

柴田とは今までの長い付き合いの中での実績がある。それを信じて「大丈夫です」の言葉に乗っかる覚悟を決めた、と髙木氏は話している。

C館（法学部棟）

実際のところ、実にスムーズにリプレースを完了することができたそうだ。この一件のような実績を積み重ねながら、柴田の「大丈夫です」は、髙木氏から一目置かれるようになっていったそうだ。

近畿大学内で二〇一六年二月二九日に竣工したC館（法学部新棟）には、「アクティブラーニング」に対応したPC教室を含むさまざまな学習方法に適した教室を用意している。アクティブラーニングとは、中央教育審議会の答申によれば、学生が能動的に学ぶことによって「認知的、倫理的、社会的能力、教養、知識、経験を含めた汎用的能力の育成を図る」ものだ。髙木氏は、アクティブラーニングの導入についてこう語る。

「当大学のモットーは、やるんだったら『日本初』、そこで今回も、国内ではどこもやったことがないことをやりたいという思いがありました。結果的に、『日本初の、アクティブラーニングで使用するパソコン七二台を、無線によって一元管理する授業支援システムの構築』を世に出すことができました」

実際にこの教室で講義を行なっている近畿大学法学部長の神田宏教授に話を伺った。

「今回、法学部棟にこういった専門の教室を設けることは、私たちが以前から希望していたことでした。それがようやく実現できました。アクティブラーニング環境を導入したことに

近畿大学法学部学部長
神田 宏 教授

よって、教室のレイアウトを自由に変えられるので、グループワークなどが非常にやりやすくなりました」（神田教授）

また、実際にこの教室を使ってみた先生方の反応については、神田教授は次のように語った。

「教員が前に立って話すのを学生が聞いている、あるいは指名された学生が教員に向かって発言するのを横で静かに聞いている、そういった受動的な授業の受け方ではなく、学生一人ひとりが自由に発言し、積極的に授業に関わることのできるシーンを作りやすくなりました。一般的なレイアウトの教室でも学生がしゃべることはできますが、全員が同じ方向を向いて座っている状況と、みんなでロの字状になって、お互いの顔が見える位置関係で話すという状況では、やはり、雰囲気が違います。ですから、こうやって机が自由に動かせる教室というのは、思いがけない発想や発言が生まれることが期待できると皆さん考えておられるようです。その上で、無線LANを導入してケーブルフリーになったことで、PCを好きなところへ動かして使えるということはたいへん有意義で、しかも七二台が動かせるとなれば、その用途はかなり広がります。また、この教室の特徴については、『ハイブリッド』という言葉がそのまま当てはまると考えております。アナログとデジタル、つまり、壁一面がプロジェクションに対応したホワイトボード仕様となっているため、デジタルで壁に投影した画像の上からアナログにマーカーペンで壁に字を書く、というような形で、デジタルとア

PC七二台を無線でつなぐアクティブラーニング教室

ナログがうまく融合した環境がつくれると思います」

なお、この法学部新棟の後、二〇一七（平成二九）年五月から九月にかけては、兵庫県豊岡市にある近畿大学附属豊岡高等学校・中学校でもこのアクティブラーニング教室を構築している。トーエネックは同大学からこちらの工事も任されている。

なお、柴田は二〇一八年七月付で名古屋へ異動となり、近畿大学の担当者を後任へ引き継ぐこととなったのだが、現在でも後任者のフォローなどで近畿大学に足を運ぶこともある。

「今だから言えますが、こちらのC館にしても、順風満帆で運用が開始できたわけではありません。引き渡しが完了して、教室で先生方が授業を始めようとしたとき、学生さんがパソコンを立ち上げたら、あれも繋がらない、これも見えない……と、不具合が出てしまいました。このときは結局、サーバ側の設定に問題があったのが原因で直ちに復旧しました。このように、こういう時こそスピーディーに対応することで、お客さまから信頼していただけるんだと思います。ただ……さすがにこの時の『大丈夫です』は『大丈夫』と『です』の間に、少々間が空きましたけど（苦笑）」と柴田。

ちなみに、近畿大学は二〇一八年度の一般入試志願者数が過去最高の一五万六二二五名となり、総志願者数は二〇万人を超えた。そして関西エリアの「志願したい大学」一位を獲得した（リクルート進学総研「進学ブランド力調査」）。

「私の現場のこだわりは、何でもやってみることです。お客さまからご要望があれば、私はよほどのことがない限り『できます』と答えます。方法はいくらでもある。自社オンリーでは難しければ、誰かの力を借りればいい。目先や自分の周囲だけを見て『できない』と判断するのは、もったいないと思います。だってお客さまが頼りにしてくださっているからこそ、『要望』っていうボールを投げてくださったってことじゃないですか。『できない』はそれを手放してしまうってことですよ。私はフェンスを乗り越えてでも、そのボールを追いかけてキャッチしますよ」（柴田）

トーエネックでもっとも変化に富んだ部門

情報通信統括部長の任にある伊藤泰隆に情報通信部門の強みを聞くと、内線や空調管など、情報通信以外の部門と連携できるため、お客さまからのさまざまなご要望に柔軟に対応でき、かつ当社からもバラエティー豊かなご提案ができる。（過去には情報通信部門が水素ステーションの工事を行なったり、映像制作事業なども手掛けた実績がある）ことだと語る。

この三〇年間で、情報通信分野は長尺の進歩を遂げている。新しいものが次々と生み出され、人々の日常生活に大きな変化をもたらしている。そういう意味で、トーエネックの中で

情報通信統括部長　伊藤泰隆

もっとも変化に富んだ部門だということができるだろう。

「昨今、情報通信回線の多重化、高速化が進む中、情報通信設備の持続性が非常に重要になっており、当社のような設備工事会社には、緊急対応力が強く求められています。いろいろなことがスマートフォンでできる時代ですから……たとえ光ファイバーの芯線一本であっても、それが切れてしまったとなれば影響は計り知れない。通信業界に限らず、そういった非常時にいかに迅速な対応ができるかが企業の信頼度のバロメーターのようになってきましたね。

二〇一九年の大災害だった台風一五号や一九号でも、伊豆で鉄塔が被害を受けるほど、大きな影響があり、携帯電話基地局の停止や光ファイバーケーブルの断線などによる通信障害も多く発生しました。トーエネックからも配電部門だけでなく、情報通信部門からも被災地へ復旧に行きました。伊豆方面にも行きましたし、関東方面にも行っています」(伊藤)

求められるのは復旧対応だけではない、新たな情報通信インフラ、例えば、ＩｏＴや５Ｇなど、これまでの常識を覆す新たな概念への対応も求められている。だが、伊藤は力強く言う。

「我々情報通信部門こそ、通信分野とともに目まぐるしく変化し、成長を続けていく部署だと自負しています。今後も社会やお客さまのニーズを素早くキャッチしながら、当社独自のご提案をしていきたい。そのためには、現状に満足せず、何事にも前向きにチャレンジする気持ちが大切です」

第三章

変わりゆく中で変わらずにある「もの」

1. 永遠のテーマ「安全」

安全創造館の設立

数千Vもの高い電圧が流れる配電線と隣り合わせの作業。

高さ十数mに達する電柱に登っての高所作業。

災害復旧の際には、折れた電柱や切断された配電線、がれきや崩れた土砂が覆いかぶさっていることもある。あるいは、酷暑の中、エアコンがまだ設置されていないビルの建設現場での作業が長時間に及ぶことも――。

ゼロ災コールの掛け声の下、安全第一の勤務姿勢を徹底しているトーエネックにとって、作業災害の撲滅は永遠のテーマだ。

創立以来、七〇年以上を数えるトーエネックの歴史の中には、作業中の思いがけぬ事故や災害により不幸にして命を落とした者も少なからず存在する。

――そんな、殉職者たちの尊い犠牲を無駄にしないために。

二〇一七（平成二九）年一〇月二日、名古屋市内の「トーエネック教育センター」の敷地

2017年10月にオープンした安全創造館

の一角に、新たな施設がオープンした。
その名を「安全創造館」という――。

安全創造館建設についての詳細は、後ほど紹介しよう。その発端は二〇一四（平成二六）年、トーエネックの創立七〇周年記念事業としてスタートした。プロジェクトの責任者は、当時、執行役員で安全環境部長であった岡村康弘（現在は退職）である。岡村は、その頃、現場で労働災害が相次いで発生したことに心を痛めていた。折しも、重大な労働災害が続発していたのである。

岡村は「配電以外の部門はほとんど経験した」と語る、トーエネックの生き字引的な存在であり、その長いキャリアとも相まって、極めて顔の広い人物である。それだけに、労働災害で命を落とした社員の中には、よく知る者もいた。

特に強い印象となって残っているのは、岡村が所属していた部署でのことだった。名古屋市内のある変電所で作業中、高圧ケーブルの誤切断により、その場にいた複数の作業員が大やけどの重傷を負う重大災害が発生したことだ。高圧ケーブルといえば、七万Vから一五万Vもの高圧電流が流れているため、やけどに至ったのは一瞬の出来事だったそうだ。この犠牲者とは、同じ部署に所属する仲間であった。同部は、部門としては少人数であるためか、昔から仲間同士の結束が強く、社内では「一家」などと呼ばれることもあるほどだった。それだけに、仲間の痛ましい事故の報告を聞いた時のショックは筆舌に尽くし難いものがあったという。

岡村が安全環境部長に就任した折には、長らく忘れかけていたその時の悲惨な事故が、再び脳裏をよぎったという。

その思いもあり、岡村は真っ先にこの安全創造館の建設計画を思いついたのだという。労働災害を減らす。できればゼロにする。こうした目標は、トーエネックとしては創立以来取り組んできたことだ。ただ、安全のための教育施設を造るということは、トーエネックにとって、かつてない試みであった。

これまで、配電部門や内線部門といった部門単位で安全教育を行なってきた。また営業マ

元執行役員 安全環境部長
岡村康弘

ンや、経理・人事・総務など事務系の人間は、安全運転講習や衛生講話などはあったが、作業災害について教育を受ける機会はほとんどなかった。この安全創造館は、そういった社内における安全教育を総括し、現場や事務の垣根を越えて皆が等しく教育を受けることができる、トーエネックにとって安全のフラグシップとなるものだった。

この時、岡村と二人三脚で安全創造館建設のプロジェクトを進めたのが、後に初代の安全創造館の館長に就任する、髙木勇人（現・配電本部 配電技術部 安全・運営グループ 担当部長）であった。

なお、後任の安全創造館館長には、長野支店配電部から異動してきた小林稔が就任している。

前述の岡村が経験した事故のように、髙木にも忘れられない悲しい労働災害の記憶がある。

「あれは、入社後間もなくのことでした。朝礼の後に声をかけたばかりの仲間の一人が、その日の午後、感電災害で帰らぬ人となってしまったのです。ショックでしたし、信じられない気持ちでいっぱいでした。

それまでにも、現場の安全教育については幾度となく受けてきましたし、自分としてはわかっていたつもりです。しかし、そのとき改めて、『ああ、こういうことなんだ……』と本当の意味で災害の怖さ、安全の大切さを理解できました」

配電本部 配電技術部
安全・運営グループ
担当部長　髙木勇人

災害はあってはならないことだし、起きてしまったことは取り返しがつかない。だからこそ、経験を無駄にしてはならないのだと髙木は言う。

「例えば、ある現場で災害が起こりました。そういうことがあると、会社としても危機感を新たにして、事故の原因を調査し、対策を立て、現場を教育します。すると、一時的には教育の効果もあって沈静化する。それは大変結構なのですが、その後、何年かすると、また、同じような事故が起こります。結局、机の上での教育指導にはどうしても限界がある、ということなのでしょう。頭で理解しただけでは、それが血肉になっていかないのです」(小林)

正しい知識を座学で学んでも、時間がたてば忘れられてしまう。風化させないようにする努力が必要なのだ。

当時、安全環境部長であった岡村は、こう考えていたという。「安全装備品の普及により現場の安全性は向上しているが、果たして現場で働く人たちの安全に対する意識も向上しているんだろうか？」と。

「例えば、熱湯を触ったことがない人がいたら、その人はその液体に手を入れてやけどするとどれほど痛いかを知らないですよね。現場から災害が減るってことは、言い換えれば何をすれば危ないのか知る機会も減っているってことなんです。昔は結構、身近で大きな事故がありました。もちろん、良いことではないですが、事故の瞬間を目撃する機会があったから

安全環境部 安全創造館 館長
小林 稔

こそ『怖いものだ』といつまでも覚えているんです。でも、最近の現場は、事故がほとんどありません。ですから、そこで働く人たちは事故の怖さがわからない。何が危ないかわからず現場で作業するのって、ある意味すごく恐ろしいことですよ」(岡村)

その思いも、岡村を安全創造館の建設へと向かわせたと言ってもよい。

二〇一四年七月、高木が安全環境部に異動してくる。当時の肩書は、全社における労働安全と労働衛生の統括部署である、安全衛生グループ長であった。

「当時、ある役員から、『よその会社では、実際に危険を体感する教育というものを始めているそうだ。うちではやらないのか？』ということを言われ、岡村さんに相談してみたのが私にとっての最初の関わりでした」(高木)

岡村と高木はそれぞれ意見を交換し、イメージを共有した。そして、二〇一五年の七月に行なわれた会議の場で、経営陣に安全創造館を提案した。

「その時点では、『将来、こんなものがつくれたらいいな』というくらいで、そんなにすぐに決定が下るとは思っていませんでした。準備にはそれなりの時間も必要だと思っていましたから」(岡村)

ところが、折も折、会社は創立七〇周年記念事業として何をやるべきかを検討していた。そこへ岡村から危険体感施設の建設という話が出たため、「これだ」ということになったようだ。当時の幹部らは、創立七〇周年記念事業として取り組むことを決め、岡村に対して、直ちにプロジェクトのスタートを指示した。

「幹部らから『安全創造館は、創立七〇周年記念事業という枠組みを超え、一〇〇年、二〇〇年と続いていくであろうトーエネックの未来を創造する礎となるものにしてほしい』と言われました」(岡村)

かくして、安全創造館の建設計画が始動したのである。

岡村と髙木は、直ちにプロジェクトメンバーを集めることにした。当時の安全環境部には、専任の人員が六名しか在籍していなかった。人員は最大で一二名まで増やした。これと並行して、部門横断的なワーキンググループをつくり、社内から広く意見を募集して各部門の要望を取りまとめた。

「部門が違うと現場で起こる災害も異なります。そこで、何を作るのか、皆の意見をまとめて整理していきました。例えば、体感設備については体感設備委員会を立ち上げて、そこで何回も話し合いながらつくりました」(岡村)

二〇一五年九月には、同プロジェクトを実行する建設委員会、体感設備委員会、指導プログラムを検討する教育委員会をそれぞれ立ち上げる。場所は、安全の教育を行なう施設であることから、現在地である教育センターの一角に新築することになった。

安全創造館の建設において、どのような設備にするのかがもっとも重要であったが、岡村と髙木の中にはすでに二つのテーマがあったという。一つめは「実際の作業現場で発生した災害を教材とする」もう一つは「体感ができる」ことだった。

そこで、まずは過去に当社で発生した災害の膨大なデータから、発生頻度の高い災害を洗い出した。

「データの洗い出しの最中には、これは後輩が大けがをした災害だ、とか、あの時の事故で入院したまま退職した先輩は今頃どうしているだろうと、いろいろな懐かしい顔が浮かんでは消えていきました」(岡村)

今の若い世代が自分たちのような思いをしないように、このプロジェクトはあるんだと自らを叱咤しながら洗い出し作業を進めました。

次に他社の災害発生情報を集め、トーエネックでは発生頻度は低いが、教材に入れたほうがよい事例をピックアップした。「他社の災害事例であっても、結局同じ業界のことだけに人ごととは思えず……やはりいたたまれない気持ちでの作業になりました」。この作業を終えた時、岡村をはじめメンバーたちの胸中には、これまで以上に災害をなくしたいという強い気持ちが芽生えていたようだ。

「この洗い出し作業だけでも十分安全意識の醸成になりました」(髙木)

次にそれら災害事例を実際に体感することができる施設の検討に入ったわけだが、ここで筆者が驚いたのは安全創造館の危険体感施設は、ほとんどがトーエネックのオリジナルであるという点であった。

「こちらが求めるものに近い既存設備・製品があればまだよいほうで、そのものずばりという設備はなかなか見つけることができませんでした。そこで、ないものはつくろうとなったのですが、これは非常に大変なことでした。まずはメーカーの方に、こういう災害状況を再現してほしい、と説明しようとしましたが、実際にその災害が発生した瞬間の映像なんてない、そこで資料を見せ、身ぶり手ぶりを交えてメーカーの方に説明しました」(岡村)

また、設備を制作する中で、予想していなかった問題に直面したそうだ。それは危険を体感する設備の〝危険の度合い〟であった。

「受講者の中には、それぞれの設備を体感して、『なんだ、こんなもんか』という感想を口にする方がいますが、こちらにしてみると『何を勘違いしているんだ』と思います。遊園地じゃないんです。安全な状態で危険な体感をさせるのがこの施設のテーマですから。でも、設備を検討していた時はそんな意識がなかったので、多少怖い思いをさせたほうが身に染みると思ってメーカーの方にリクエストをしました。でも、メーカーの方から、『御社のリクエスト通りにすると場合によっては本当にケガをします』と言われ、怖ければいいってもん

じゃないことに気付きました」（岡村）

やる気になればいくらでも本物の災害に近い状況を作り上げることができたわけで、メーカーとしては当然の質問であった。しかし、安全教育でケガをしては本末転倒である。かくして、どこまで本物の災害に近づけるか、はたまた遠ざけるかという〝足し引き〟を行なうことになったのだ、これがメンバーの頭を悩ませた。

「恐怖を与えようという思いが強いとどうしても危険度が増してしまうんです」（髙木）

検討を重ねた結果、リアルとイメージを共存させる方法にたどり着いた。例を挙げると、体験施設は、「電柱からの墜落体感」や「熱中症体感」など参加者がリアルにやってみる施設と、「高圧感電体感」や「高所からの落下物体感」など参加者の目の前でやって見せ、イメージさせる施設に大別できる。前者について、参加者は実際に低い電柱から分厚いマットの上に落下したり、サウナのような部屋に数分間入ったりと、〝それに近い状態〟を体感する。少し驚いたり不快さを感じはするものの、苦痛というレベルではない。後者は人形を使って高圧の電線がショートする状況を見せたり、頭部に見立てた植木鉢にヘルメットを被せ、高所からボルトを落として落下物のリスクを見せたりして、受講者は「あれが自分だったら……」と、そのイメージを体感する。「ある意味このイメージするほうがゾッとして精神的に苦痛となるかもしれません」（岡村）

こうして、二〇一七年一〇月二日の完成を迎えたのである。

安全創造館の一階には、さまざまな危険体感設備が導入されている。計画の初期段階で、二人は他社においてすでに導入されている危険体感教育について研究を重ねた。当時、メーカーやゼネコン、電力会社などで同様の発想による危険体感施設がいくつかつくられており、二人は手分けしてそれらを見学し、担当者と意見を交換した。そのうちのいくつかは、安全創造館にもほぼそのままの形で採り入れられている。また、トーエネック独自の設備として新たに考案されたものも少なくない。

安全創造館の玄関を入ると、まず、パネル展示のコーナーが目に入る。ここには、トーエネックの七〇余年間における安全対策の歩みが年表形式で掲示されている。

パネル展示コーナーの裏手にはホワイトゾーン（体験ゾーン）。ここでは、人形を使ってAEDなどの救命装置を用いる救命処置体験の他、心臓マッサージなどが体験できる。

パネル展示コーナーの奥が体感ゾーンとなり、全部で六つのゾーンが用意されている。まず、入ってすぐ左側がレッドゾーン（墜落・転落ゾーン）。ここでは、高所からの墜落や、はしご・脚立からの転落、電柱墜落時の衝撃などを体感することができる。自分が落下する側だけでなく、重さ七五kgの人形を使って、落下時に安全帯にかかる衝撃荷重などを目の前で見て実感することができる。通路を挟んで右手側のフロア中央には足場が組み立てられ、ボルトなどが落下してきたときにヘルメットが受ける衝撃を目の当たりにすることができる。

その奥の左右の壁際はブルーゾーン（右側が高圧感電、左側が低圧感電ゾーン）。右側では、人形が高圧線に触れて、感電（地絡）する状況を再現。また、左側では、微弱電流による低圧感電を体感することができる。

フロア中央の奥側はパープルゾーン（重量物ゾーン）。重量物倒壊や運搬のリスクを体感することができ、さらにアーク溶接作業のリスクや、熱中症を発症しやすい高温多湿環境を体感することができる。

右側の壁際を入り口に向かって進むと、オレンジゾーン（挟まれ・巻き込まれゾーン）がある。ここでは、ベルトや回転物に巻き込まれる危険や、屋根などで足元を踏み抜いてバランスを崩す体験、傾斜地など足場の悪い現場での滑りなどを体感することができる。

そして、右手前から入り口脇にかけてはグリーンゾーン（土砂崩落・酸素欠乏ゾーン）。土砂の代わりにアクリル球を使い、下半身が埋もれて動けなくなる状況を体感することができ、また、酸素欠乏リスクのあるマンホール内などでの酸素濃度測定・換気、保護具の使用などを見ることができる。

安全創造館の危険体感設備

エントランス(パネル展示)

トーエネックの歴史における安全対策の歩みが年表形式で掲示されている

ホワイトゾーン(体験ゾーン)

AEDなど救命処置体験の他、心臓マッサージなどが人形を使って体験できる

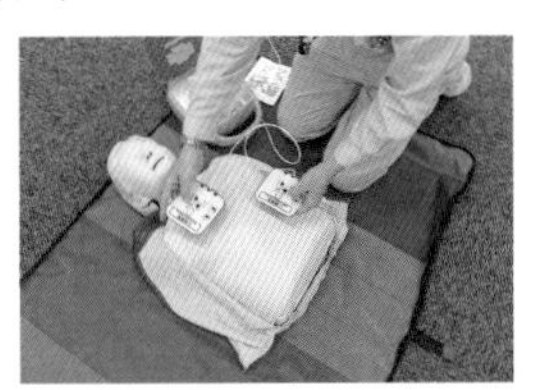

レッドゾーン(墜落・転落ゾーン)

高所からの墜落、はしご・脚立からの転落、電柱墜落時の衝撃などを体感できる

ブルーゾーン(左:低圧感電ゾーン、右:高圧感電ゾーン)

左では微弱電流の低圧感電を体感でき、右では人形が高圧線に触れ感電する状況を再現

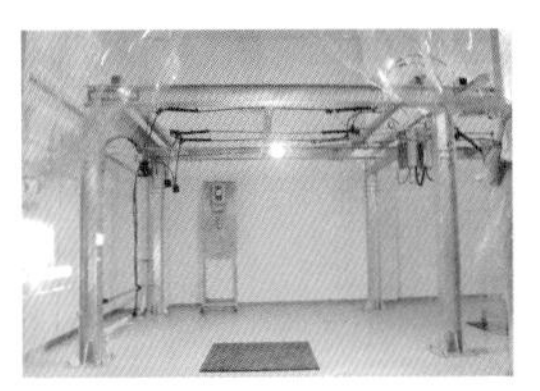

安全創造館の危険体感設備

パープルゾーン（重量物ゾーン）

重量物倒壊や運搬、アーク溶接作業のリスクや、高温多湿環境を体感できる

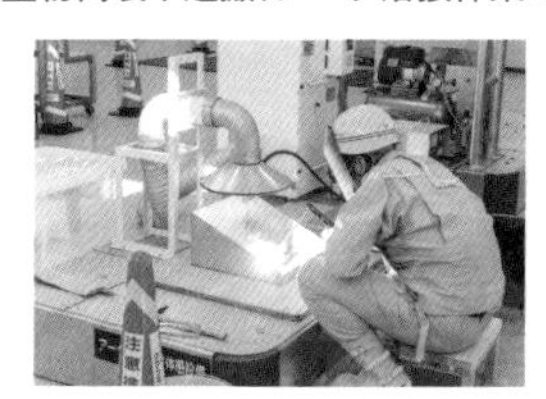

オレンジゾーン（挟まれ・巻き込まれゾーン）

ベルトや回転物に巻き込まれる危険や、足場の悪い現場での危険を体感できる

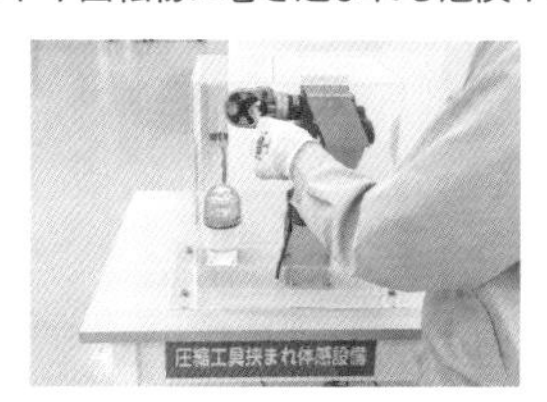

グリーンゾーン（土砂崩落・酸素欠乏ゾーン）

下半身が埋もれ動けなくなる状況、酸素濃度測定・換気、保護具の使用を体感できる

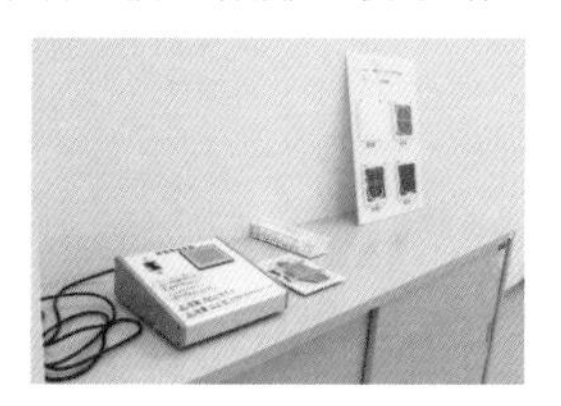

イエローゾーン（特装車逸走・クレーン車転倒ゾーン）

作業車の設置時に坂を滑り落ちるリスク、トラック積載型クレーンの転倒リスクを実演

また、屋外にはイエローゾーン（特装車逸走・クレーン車転倒ゾーン）として、実際の車両を使って、傾斜地での高所作業車などの設置時に坂を滑り落ちるリスクや、トラック積載型クレーンの転倒リスクを実演している。

今後も、新たな設備の導入や既存設備の見直し、入れ替えなども随時検討しており、時代の変化に合わせて体感教育も変化し続けていく。

「危険体感教育は、その怖さだけを教えるのではなく、『危険があるときに、それをどう回避するか？』ということを考えさせるものです。考えて、自分で回避できるようにするのが、狙いです。それを『危険に対する感受性の向上』と我々は呼んでいます。回避する術はいろいろありますから、危ないと感じた時に、それを回避する術の引き出しをできるだけ増やそうとするのが危険体感教育です」（岡村）

例えば、高所から落下するときにはどんな感じがするのか、肉体はどう反応するのか。そういうことは、座学では決して教えることができない。それを文字通り身をもって学ぶことができるのが、安全創造館の最大の特徴である。

「座学で言えば、今はペーパーのテキストだけじゃなく、いろいろな映像もありますし、インターネットで調べればさまざまな情報を得ることができます。けれど、ここでは『ライブで体感できるもの』にこだわりました。例えるなら、音楽を聴くのに、ＣＤやダウンロードして聴くのと、ライブハウスへ行くのとでは心への響き方が全然違いますよね。それと同様に、ライブで実際に体感できるということにこだわっています」（小林）

将来的には、VR（Virtual Reality／仮想現実）やAR（Augmented Reality／拡張現実）などの設備も利用して、より安全に、かつ真に迫った危険体感教育というものを、この安全創造館に導入することも検討しているという。

二〇一七年一〇月二日の開館式で、社長の大野は開館の挨拶として、次のような言葉を述べた。

「近年、作業用工具の改良などによって作業の安全性が向上する一方で、危険を実感する機会は減っています。そこで、安全創造館では、作業における危険を体感できるよう工夫を凝らしました。この安全創造館の開館を機に、当社の安全衛生教育や部門の工事品質教育をより一層充実させていきます」

この言葉には、これからも作業災害という見えない敵に立ち向かい続けるというトーエネックの強い決意がうかがえた。

2．現場の声に耳を傾ける

技術研究開発

第一章で取り上げた、東海市横須賀町の「車道設置型小型ボックス」。

第二章で紹介した、田原市給食センターの「Eco-Vent ACA」。

これらはいずれも、トーエネックが研究に加わることで完成した新製品である。

トーエネックはメーカーではないから、必ずしも「売るための製品を開発している」わけではない。また、大学や研究機関のように「未知の原理を解明する」ことに血道を上げているのとも違う。しかし、トーエネックでは社内に専門の研究開発部署を設置し、専任の研究員たちを抱えている。彼らは、設計でも、施工でも、製造でも、販売でもなく、ただひたすら「研究」という業務をメインにしている人たちである。

彼らがいるのは、技術研究開発部――。

名古屋市内にある「教育センター」の構内には、技術研究開発部の研究室や実験室もあり、現在は二二名のメンバーが、省エネルギーや電力品質の改善、再生可能エネルギー、空調衛生などの環境分野といった、幅広い研究に取り組んでいる。

トーエネックが研究開発部署を立ち上げたのは、東海電気工事時代の一九八五（昭和六〇）年、「技術開発室」が最初のスタートであった。その後、一九九一（平成三）年には「FS研究所」、一九九九（平成一一）年には再び「技術開発室」となり、二〇一六（平成二八）年から現在の「技術研究開発部」と、たびたび改称しながら存続してきた。

現在、技術研究開発部で研究開発グループ長を務める工学博士の小林浩は、大学院修士課程修了後の一九九一年四月、トーエネックに入社した。

「私が大学院を修了した一九九一年というのは、世間的にはバブル景気の絶頂期でしたから、就職先の選択肢は多かったです。そんな中で、トーエネックに入社することにしたのは、父親が電気工事関係の仕事をしており、この業界に興味があったのが大きな理由でした。入社前は、トーエネックは電気工事の会社だ、という認識でしたから、現場へ行くことになるかもなという思いはありました。ただ、研究開発の部署があることを知り、電気工事会社の研究開発という仕事に興味を持ちました」（小林）

入社後、約半年間の研修の後に、当時の「FS研究所」に配属された小林は、それから三〇年近く同部署で研究の仕事を続けてきた。その間に、四〇歳を目前にした二〇〇六（平成一八）年から、社会人博士課程に進み、二〇〇九（平成二一）年に博士号を取得した。

技術研究開発部 研究開発グループ長 小林 浩

三〇年近い年月の間に、さまざまな研究に携わってきた小林であるが、メインの研究テーマとして取り組んできたのは「電力品質」だという。トーエネックという会社にとって、発電所でつくられた電気をエンドユーザーの元へ「いかに品質良く、安定して供給できるか」が永遠の研究テーマになっている。小林は、今までも、そして今も、このテーマをずっと研究している。

「例えば、配電線です。一般に六〇〇〇Vと言っておりますが、正確には六六〇〇Vが標準で、これが送る場所によって六三〇〇Vになったり、六七〇〇Vになったりします。周波数は、西日本では六〇Hzのきれいな波形が理想的ですが、波形にひずみが生じることもあり、このひずみがお客さまの接続機器に悪影響を与えることがあります。ひずみのないものを『正弦波』と呼んでいますが、電力を供給する際に、ひずみをいかに少なくして『正弦波』に近づけていくか、といった研究をずっと続けています」(小林)

この、接続機器に悪影響を及ぼす性質を持つ電流のひずみを「高調波」と呼ぶ。

具体的なひずみの発生原因としては、省エネ用のインバータ*の設置がある。インバータは高調波などのひずみ波(ひずんだ交流電流)を生じる場合があり、ひずみ波が電線を流れると、配電線の電圧をひずませてしまう。(*直流電流から交流電流への変換装置)

「我々のお客さまには、工場やビルのような大規模空間が多く、空調機器などにも大型のインバータが導入されている場合があります。そこで、インバータにフィルターを取り付けたり、*キュービクルの中のひずみの影響を受けやすい機器に保護装置を取り付けたりなど、あらかじめ対策を講じ、そのための工事をする必要があります」（小林）（*高圧受電の機器を収めた金属製の箱）

万が一にも悪影響の出ることのないように、電力品質の追求は永遠にして至上の研究テーマとなっているのである。

例えば――一九九四（平成六）年、当時のFS研究所では連続多点同時計測システム「高調先生」を完成させた。これは小林が入社して最初に取り組んだ研究開発である。当時は全国的に高調波（基本波の整数倍の周波数を持つ正弦波）が問題となっており、トーエネックが施工したお客さまの設備でもトラブルが多発していた。現場担当者から非常に困っているという声を聞いて、解決したいという気持ちで研究・開発に当たった。

高調先生のネーミングは「高調波を正確に測定し、適切な対策を提案する専門家」という意味を込めた一種の言葉遊び感覚であるが、ひずみ波に含まれる高調波を連続的かつ多点で同時に検出できる測定システムとして、市販された当時は、ちょっとした話題になったという。

その二年後の一九九六（平成八）年には、「高調先生」の後を受けて高調波流出電流計算・対策支援ソフトウエアである「才高調くん」が完成。そして、さらに二年後の一九九八

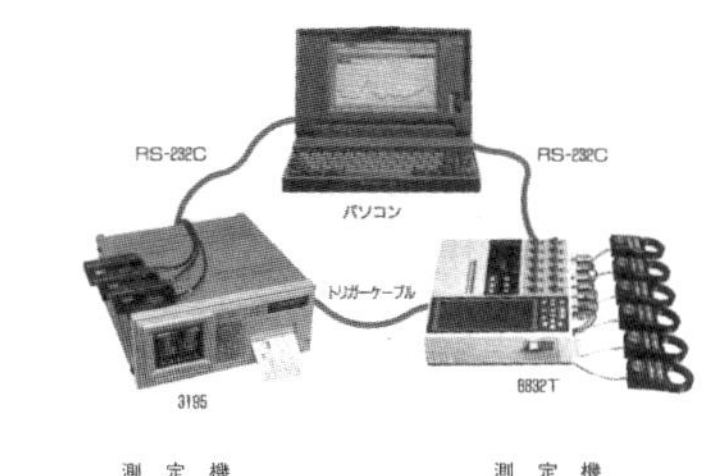

小林が初めて開発した製品「高調先生」

（平成一〇）年には、前作の上位互換である「高調先生（Windows版）」を完成させている。

これらの研究成果を振り返りつつ、小林は次のように語っている。

「当社のような企業活動の中での研究というのは、『一人じゃなく、皆でやっていくもの』、つまり、相手があるものだと思っていることです。

何かを研究するということは、お客さまであったり、あるいは社内であったり、その研究の成果を求めている人がいるわけです。ですから、その人たちに、いかに役に立つか、喜んでいただける成果を出していくか、それを第一に考えます。それが私の現場のこだわりです」

小林の研究開発グループにあって、研究副主査という立場にある西戸雄輝は、長年の研究テーマであった「太陽光発電設備のオンサイトEL測定サービス」の商品化に成功。二〇一九（令和元）年五月二二～二四日に東京ビッグサイトで開催された、第六七回電設工業展「JECA FAIR 二〇一九」内のイベントである「第五八回製品コンクール」にエントリーし、見事、環境大臣賞を受賞した。

西戸は二〇〇七（平成一九）年四月の新卒入社。大学院修了、実家は電気工事業を営んでいたという経歴は小林と共通している。ただ、昔から家の手伝いやアルバイトで電気工事が身近であったため、「高校を卒業したら、そのまま電気の現場で作業者として働こうか……」

技術研究開発部 研究開発グループ 研究副主査　西戸雄輝

と、一時は本気でそう考えていたほどだったという。

大学院時代、プラズマの研究や真空装置の設計・製作などの研究分野に取り組んできた中で「研究の楽しさ」に目覚めた。そこで、就職活動では「研究開発の仕事」ができる会社を探した。その結果、電気の仕事でかつ、研究開発もできるというトーエネックへの入社を選択したのである。

入社時に抱いていたイメージは、「現場作業を効率化する工具の開発」であるとか、そういった「物」を開発するというもので、そのための基礎研究のようなことをするのだろうと漠然と考えていた。

ところが、実際に入社してみると、現場でのトラブル対応の仕事がいちばん多かったと西戸は言う。

「例えば、お客さまから、電力品質の問題で、『高調波よりももう少し周波数が高いノイズの影響で機械にトラブルが起きた』といったご相談を受けて、原因を調査して対策をご提案する——というような仕事がメインでした。そういう問題の対策に使える製品をトーエネックが開発していたので、それを提案するというような仕事でした。入社したときにイメージしていたのとはだいぶ違っていて、わりと現場寄りのトラブル対応でした。直接、お客さまと接する機会も多く、感謝の言葉をいただくこともよくありました。そんなときには、『ああ、こういうのもいいな』と思いましたね」

こうしたトラブル対応業務は、一見すると研究開発とは何の関係もないように思われるかもしれないが、「現場でどんなトラブルが起こっているか?」、「それはどんな原因によるものか?」、「どのような対策が考えられるか?」という、ケーススタディを蓄積していくことができる。また、一方では、既存の製品や工法で対応することができないトラブルであれば、それを解決できるものを新しく作り出そうということで開発のきっかけとなる。いわば、次の開発のためのヒントやきっかけをつかむ上で、現場は宝庫とも言えた。

西戸の場合、入社当初は社内に知っている相手はほとんどいなかったのであるが、あちこちの現場に顔を出していくうちに、自然と知り合いが増えていった。

また、西戸は比較的早い段階で「太陽光発電の劣化診断」という研究テーマに取り組んでいたので、太陽光関係のトラブルに対しては常にアンテナを張っており、そのことは社内にも知られるようになった。このため、太陽光発電に関して何らかの問題が起こった場合は、自然と彼のところに情報が集まってくるようになり、直接彼に問い合わせが来ることも増えたという。問い合わせを受けると、できるだけ現場まで足を運んだ。

技術研究開発部では、西戸のように現場の声を拾い上げたり、技術研究開発部のメンバー自身が、現場やその他日常の研究活動を通じて得た情報などの中から、個々の研究開発テーマを決定する。テーマによっては一〇年越しの研究になることも珍しくないという。

西戸の例で言えば、入社してすぐの時期には、電気設備の故障や異常診断といった形で、現場支援の傍ら、既存の自社開発製品の機能拡張やバージョンアップのようなテーマに取り組んでいた。そして、入社二年目頃から、現在も続いている「太陽光発電の劣化診断」という大きなテーマに巡り合ったのである。

「二〇〇八年頃というと、ちょうど太陽光発電の普及が本格化し始めた時期で、翌二〇〇九年からは『太陽光発電の余剰電力買取制度』も開始されました。そういうタイミングもあって、太陽光発電のメンテナンス技術で何かを開発しようという研究開発テーマは、わりとすんなり会社からもGOが出ました」（西戸）

以来、西戸は一〇年以上にわたってこのテーマに取り組み続けてきた。

西戸が選んだこのテーマが興味深いのは、当時、世間では太陽光発電というものは「メンテナンスフリーである」という認識を持つ方が多い中、敢えてメンテナンスに着目した点である。太陽光パネルそのものは複雑な機器ではないため、何らメンテナンスの必要もなく、半永久的に動き続け、電気をつくり続けてくれるものであるかのように錯覚する人もいた。確かに頻繁にメンテナンスしなくても何か特別なことがない限り機能が大幅に低下するということはない。だが、部品は経年劣化するものであると考えれば、メンテナンス不要などということはそもそもあり得ないことだと気付くはずだ。

実際に、太陽光発電の劣化診断の研究に取り組み始めてからというもの、西戸の元には、太陽光パネルの劣化による出力の低下など、太陽光発電に関するさまざまな不具合事例が集まってきた。


西戸は自分のところに寄せられた事例について、実際に現地へ行って太陽光パネルを確認したり、既存の劣化診断手法について改良の余地がないかと検証したりといった研究を続けた。その中で、西戸が高精度かつ今後事業化の可能性を秘めている劣化診断手法だと目を付けたのが「EL測定」だ。ELとはElectroluminescence（電界発光）の略で、太陽光パネルに電気を流すと近赤外光を放つ現象のことである。太陽光パネルの健全な部分は明るく光り、劣化・故障している部分は光らないため、発光を専用カメラで撮影して画像にすることで劣化部分を見つけることができる。ところがELの光は、大変微弱なため、この測定方法は暗室などで専用のカメラで太陽光パネルを撮影して光を確認する必要がある。

「EL測定は特に真新しい診断手法ではありません。太陽光パネルのメーカーではこれまでも実際に行なわれていました。でも、従来のやり方はメーカーが太陽光パネルを外して撮影のために暗室がある工場へ持ち帰る必要がありました。そうすると当然太陽光パネルを外し

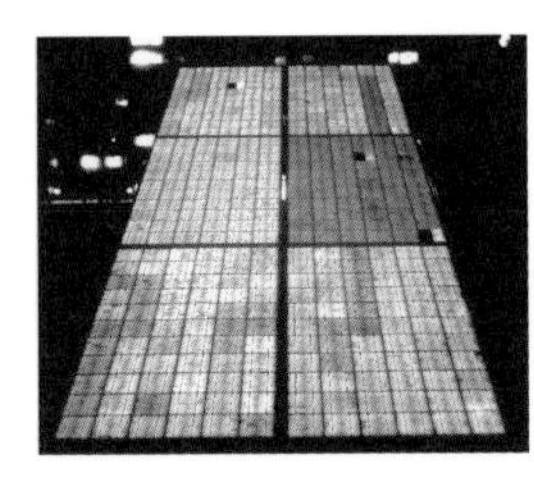

EL測定
（黒く見えるのが異常箇所）

ている期間はその分の発電量が減ってしまいます。そこで私は暗い場所でＥＬ測定ができるなら、夜間に撮影すれば、いちいちパネルを外さなくてもよいことに気付き、ＥＬ測定に使われているカメラに注目しました」（西戸）

もともとプライベートでも写真が趣味であった西戸ならではの着眼点であった。早速、西戸はカメラの改良に着手した。西戸にとってカメラを改良する作業は趣味の延長でもあり楽しい作業だったという。とはいえ、西戸が期待するような鮮明な画像は簡単には撮れず、何度も夜の太陽光発電所へ撮影のために足を運んだ。撮影・確認・調整を繰り返し、とうとう西戸が求める鮮明な画像がカメラのモニターに映し出された時は思わずガッツポーズをしてしまったという。「その時が夜中じゃなかったら大声でヨッシャーって叫んでました（笑）」

ＥＬの夜間撮影カメラを完成させた西戸が次に取り組んだのは動画撮影だ。「当社の調査結果によりますと国内にはまだＥＬを動画撮影できるカメラはありません。事業性うんぬんより、誰もやってないなんて聞いたら、研究者として燃えますよ、そりゃ」（西戸）

静止画の撮影には難航したが、それを応用した動画の撮影は本人曰く「意外と簡単だった」という。かくしてＥＬの動画撮影ができるカメラは完成した。最初に西戸が太陽光発電の劣化診断に取り掛かってから実に七年がたっていた。折しも世の中ではＦＩＴ法（国定価

太陽光パネルを診断する様子

格買取制度）による太陽光発電設置ブームから約一〇年がたとうとしており、当時設置した太陽光発電所では、パネルの劣化診断が必要となってくる頃であった。

現在、トーエネックはこのカメラをドローンに搭載して上空から一気に太陽光パネルを撮影する「オンサイトＥＬ測定サービス」を太陽光発電所のオーナーや設備の点検事業者などに向け提案活動中だ。

小林が研究している「高調波」と西戸が研究している「太陽光」、それぞれ電気に関係する点では共通しているが、それ以外に共通点はと聞いたところ小林からこんな答えが返ってきた。

「技術研究開発部のメンバーが取り組んでいる研究は、多岐にわたっています。西戸くんと私の研究もそうですし、本書の中で、田原市給食センターの話に登場した千葉さんの研究は〝電気〟だけじゃなく〝熱〟も扱っていますから、いかに幅広く研究に取り組んでいるかがおわかりいただけると思います。

でも、研究のテーマこそ違いますが共通していることはあります。これは特に当社ならではの研究に臨む姿勢とも言えますが、『ヒントや答えは現場にある』という点です。

西戸くんが約一〇年前に、研究テーマを何にするか悩んで私のところに相談に来たことがありました。その時私は彼に『まず、うちがやってる仕事を見渡してごらん、そしてその中でどんなにささいなことでもいいから、ピンときた仕事があったら担当している部署に頼んで現場を見せてもらうといい』と伝えました。

技術研究開発部は、常に最先端を求めて変化し続けないといけません。しかし、昔も今も変わらないものがあります。それは、現場でお客さまが望んでいること、当社の現場担当者が困っていること、それらをキャッチして技術的に解決しようとする姿勢です。また、当然、会社に利益をもたらす研究でなくてはならないので、そこを追求しようとするとおのずと足は現場に向かうんですよ。西戸くんは彼なりに社内を見渡すだけでなく会社の外（世の中）のニーズもちゃんと見て『太陽光』をテーマに決めていました。その結果、オンサイトEL測定が生まれた。

私の研究は品質の良い電力をお客さまの元に届けること、西戸くんの研究はお客さまの太陽光発電設備がそのポテンシャルを維持し続けられること、両方ともお客さまが求めていることで、そのヒントをくれたのは当社の最前線である現場で働く仲間でした」

「オンサイトEL測定ができて、それを持って当社の現場担当者の所へ行ったら『これって撮影した画像を確認するのは今は人間がやってんだよね、それ大変じゃん、時代はAIでしょ』って……ちょっとは褒めてよとも思いましたが、やはり開発のヒントは現場にあるんですよ。現場と対話する――これが私のこだわりです」（西戸）

専用カメラをドローンに搭載して太陽光パネル撮影のデモを行なう様子

3. 技術とともに人を育てる

電気工事という競技、技能五輪

二〇一八（平成三〇）年一一月二日から同五日までの四日間、沖縄県で「第五六回技能五輪全国大会」が開催された。「技能五輪」とは、中央職業能力開発協会などが主催する、満二三歳以下の若手技能者だけに参加資格が与えられる競技会であり、年に一回、各県持ち回りで開催される技能者の祭典である。

大会は「金属系」、「電子技術系」、「機械系」、「情報通信系」、「建設・建築系」、「サービス・ファッション系」に分かれ、このうち「電子技術系」だけでも「メカトロニクス」、「電子機器組み立て」、「工場電気設備」など複数の種目があり、各種目で日本一の座が争われる。トーエネックは毎年、「電子技術系」に属する「電工」種目に選手を送り込んでおり、この年は六名の社員が出場した。「電工」は電気設備工事の略。正面一・八m×一・八mと側面一・八m×〇・九mのベニヤ板の上に、与えられた図面に自分のオリジナリティを加えつつ、制限時間内に、ビルや工場及び一般家庭に使われているのと同様な電気設備の作品

技能五輪全国大会「電工」職種の会場の様子

「電工」は選手同士が隣り合うブース内で競技に取り組む

を完成させるというものだ。なお、全国大会に出場するためには、各県内で開催される予選大会で優秀な成績を収めることが条件で、全国の舞台に立てるのは、ほんのひと握りの選手だ。

上位入賞するために、選手は常日頃から厳しいトレーニングを積んでいる。トーエネックでは、その場所は教育センターの中にある。教育センターは同社の人材育成の中核施設だ。センター内には配電線（電柱）工事・電気設備工事・空調衛生設備工事・情報通信工事と、本書でこれまで紹介してきた仕事別に、それぞれ実際の現場を模した教育設備が設けられており、社員たちは、新入社員からベテランまでレベルに合わせた実践的な教育が行なわれている。第一章に登場した台風の災害復旧に当たったメンバーをはじめ、トーエネックの社員は、ほぼ全員がここで教育を受ける。

配電線工事の教育施設である配電実習場には約一〇〇本近くの電柱が整然と立てられており、近隣を走る電車の車窓からもその電柱群を見ることができるため名所のようになっていて「あの大量の電柱は何のために立っているのか」と道行く人から問われることもあるそうだ。

その教育センターの一角に「技能五輪実習室」がある。

選手は大会までの一年間、ここでトレーニングざんまいの日々を送る。その意味では、アスリートと呼ぶのがふさわしい。

この第五六回大会に出場したトーエネックの六名の社員は、いずれもよりすぐりのアス

教育センター

配電実習場

リートたちであり、その一人、愛知県代表の清水貴央は、三回目の出場で見事日本一に輝いた。金賞だ。

五輪と銘打っていることからもわかるように、上位者には金・銀・銅のメダルが授与され、中でも金賞受賞者は、二年に一度開催される技能五輪国際大会への出場資格が与えられることになる（ただし、こちらは二二歳までの年齢制限が設けられていることから、タイミングによっては出場できない場合もある）。

ここで、「電工」種目について、もう少し詳しく説明しよう。概要は先述の通り、制限時間内に電気設備工事を行なうというものであるが、それなら、全国の電気設備工事に携わる者なら誰でもできるだろう。この「電工」が競技たるゆえんはそこに〝出来栄え〟が求められるのだ。まず、「正確さ」だ。完成品は、スイッチを入れて動作するのが最低限の条件で、動作しなければ、大幅にマイナス評価される。その設備を実際にビルに設置したとして、動かなければ工事を完了したことにならないから、当然である。

次に「美しさ」が重要視される。例えばビニール管をバーナーで焙(あぶ)ったり、金属管をベンダーと呼ばれる工具を使って手で曲げて加工するのだが、美しく曲げられているか、ベニヤ板からミリ以下での浮きがないか、細部にわたって非常に厳しく審査される。

最後は「独創性」だ。課題は、事前に公表される部分と、非公表で、当日内容が教えられ

技能五輪の特訓の様子

完成した「電工」の作品

る部分があり、当日発表の部分は、その場で自分でどのように施工するか考えて対応するため、対応力や独創性が求められる。「正確さ」「美しさ」「独創性」この三つを絶妙なバランスで表現できることが必要な競技なのだ。

今回金賞を獲得した清水は、翌二〇一九年八月にロシアで開催された第四五回技能五輪国際大会にも出場した。トーエネックから国際大会に出場することができたのは、一九九七年にスイスで開催された第三四回大会以来、二二年ぶりの快挙となった。

技能五輪の選手はアスリートであると表現したが、実際、彼らの大半は高校で行なわれる技能大会に出場し、そこで目に留まってスカウトされた選手たちである。野球で言えば甲子園球児、ラグビーで言えば花園で活躍したラガーマンのようだ。

清水は二〇一五（平成二七）年四月、愛知県の工業高校を卒業してトーエネックに入社した。高校時代に出場した「ものづくりコンテスト」という大会での成績はそれほど振るわなかったと語っているが、高校の先輩にはやはりトーエネックに入社した技能五輪選手が多く、エリートを養成する環境にあったようだ。

入社後、清水はかつての超一流選手と巡り合うことになる。その相手こそ、清水が技能五輪金賞を受賞したときのトーエネックの元監督、金原周平（現・静岡支店 営業部 技術グループ）であった。

表彰台に立つ金原（中央）

この金原は、清水の一〇年前、二〇〇九年の第四七回技能五輪全国大会で金賞に輝いた人物である。

金原は二〇〇六年四月、静岡県の工業高校を卒業してトーエネックに入社した。彼もまた、高校時代に静岡県の「ものづくりコンテスト」に出場したことがきっかけでトーエネックの目に留まり、スカウトされたという。

「入社した年の冬に県大会があり、ここで全国大会出場の切符を手に入れて、翌年の第四五回大会から出場させていただきました。このときは入賞できませんでしたが、二年目の第四六回大会では銀メダルを獲得し、三年目の第四七回大会は自分の中でラストチャンスでした。このときは、優勝しても国際大会出場はないとわかっていましたが、そんなことは関係なく、これが最後だと思って全力で臨みました」(金原)

前回大会の銀賞受賞者ということで、周囲からの金賞への期待も大きく、大変なプレッシャーの中での出場となった。また、大会では事前に公表されていた課題が当日一部変更になるというのが毎年の慣例であったが、この年の変更内容は非常に難しく、競技を終えた直後は「失敗した……」との思いでいっぱいであったという。

「それだけに、成績発表で自分の名前が呼ばれたときには、一瞬、頭の中が真っ白になりました。この年は、トーエネックから私を含めて五名が出場し、私の他にも一人が銅賞、残る

第45回技能五輪国際大会に出場した清水

三名も敢闘賞を受賞して、出場者全員が入賞するという快挙。『皆でやった』と思ったら喜びもひとしおで、銅賞を獲った当社の丹羽佑介くんと二人で、表彰台の上で男泣きしました」（金原）

かくして三年間のアスリート生活は終わり、現役を引退。引退した選手の多くは、別の部署に転属されたが、金原は、技術継承のために五輪チームにとどまり、後進の指導に当たることになった。

チームに残留するにあたって、金原は、自分たちが現役時代に希望していたことをできるだけ選手たちにしてやりたいと考えていた。

「自分がやるべきことは、自分の持っているテクニックを伝えることよりも、もっと大きなことだと思いました。その中でもっとも大切だと思ったのが、選手が大会に専念するための『環境づくり』でした。皆がやりやすいような環境をつくって、選手たちのポテンシャルを最大限に引き出してやれる、そんな環境づくり。

全国大会は年に一回、たった一日しかありません。残りの三六四日は、練習です。来る日も来る日も同じ課題に向かい、作っては壊し、作っては壊し —— その毎日です。

やり始めの頃は、毎日自分が変化し、向上していくのがわかるのでやりがいが実感できます。そうして、二年、三年と続けていくと、ある一定のレベルに達します。しかし、そこか

教育センター
営業研修グループ　清水貴央

静岡支店 営業部 技術グループ
金原周平

らが〝地獄〟です。自分ではこれ以上ないってところまで高めたと思って大会に臨む……でも金賞に届かない。なぜだ？　何が足りないんだ？　そう自問し、身を削る思いで精度を上げていく。この苦しみは選手にしかわかりません。

そんなつらさや、苦しさを知っている、けど練習を代わってやることはできない、だからこそ、同じことの繰り返しの毎日に、何らかの変化をうまく入れてあげるのも指導する側の役目だと思うんです。そこで、選手の気分転換になるようなことをいろいろと考えました。

例えば、本番に通じる緊張した場面をつくるために、『社内模擬大会』というのを年に四回ほどやっているんですが、本番さながらの雰囲気になるように、見学者を増やす工夫をしたり、そういう試みの一つとして、選手の家族を招待して模擬大会を実施してみました。これは、我ながらかなり良かったと思っています。家族に見られるというのはやはり、いつもと違った緊張感を味わえたんじゃないかと」（金原）

このとき、金原は自ら選手たちの家族へ向けた手紙の文面を考え、招待状を作成した。送り先の住所は選手たちに書かせ、親兄弟はもちろん、祖父母や親戚、恋人まで、できるだけいろいろな人を招待することにしたという。清水もこのとき、祖父母と叔父、母親を招待している。

「私は、そのときにはもう全国大会にも二回出ていたんですが、それとは全然違う何とも言えない雰囲気で、変な汗が出ました（笑）。全国大会なんかは、観客がどれだけいても気にならないんですが、そのときは自分の家族もいるし、後輩の家族も皆じっと見ていて。いつもの模擬大会だと、見学は社員などで、ワイワイガヤガヤした雰囲気なんですが、このときはなぜか、シーンとしていました。もう、本番とは別の意味でめちゃくちゃ緊張しました」（清水）

なお、このときの模擬大会で優勝したのは清水であった。金賞の期待がかかった三回目の全国大会出場を控えていた清水にしてみれば、もともと出るからには優勝以外の結果はあり得なかったのだが、そこに敢えて別種のプレッシャーを感じられる環境を用意したのが、金原の狙いであったという。

清水は、彼にとって初出場だった技能五輪全国大会で敢闘賞。翌年の同大会で銅賞を獲得し、三回目の挑戦で見事金賞に輝いた。

「出る大会、出る大会、全部で入賞しているのはすごいことだと思います。私のときもそうでしたが、多くの選手が二回で現役を終えていく中で、三回目の出場というのは相当なプレッシャーになります。他社の選手でも、清水と同じ三回出場というのは、あのときは確か三名しかいなかったんじゃないかな。やはり、注目されますし、プレッシャーの中で実力を発揮するのはなかなかできることではありません」（金原）

金原は、現役時代に同じ大会に出て入賞したこともある後輩たちを相手に熱心な指導を行なった。彼らも皆優秀な選手であり、真剣に取り組んだのだが、残念ながら金賞を取らせることはできなかった。

「選手たちには『皆、絶対、金賞を取るんだと思ってやれ』と言っているし、彼らも皆、そう自らを信じて、つらい練習を続けています。それを見ているからこそ、何とか賞が取れるといいなと祈る気持ちで毎年大会に臨んでいます。

でもやはり、金賞に輝いた他社の作品を見ると、『ああ、うまいな』と思ってしまいますね。悔しいけれど、結果については納得してきたつもりです。その上で、次こそはあれに勝るものを作ろうと、選手たちを叱咤し続けてきました」（金原）

清水は、金原にとっては、直接手に手を取って教えたまな弟子というわけではないが、チーム全体を統括し、またコーチを通じて厳しく指導に当たった。そういう意味でも、清水の金賞受賞は、金原にとって我がことのように喜ばしいことであった。

「終わったときには、『やりきった』という思いでいっぱいでした。採点の前に完成した作品が公開されるのですが、他社の同期のライバルのうち、一人はミスをしていたので、残る一人との勝負だと思っていました。勝てると思っていたわけではありませんが、負けられない、負けたくないという思いはありました。結果が出たときには、信じられない気持ちもあ

全国大会で見事に金賞を受賞した清水

全国大会の様子

りましたが、メダルを受け取ってステージを降りたとき、金原監督やコーチたちが皆、目を真っ赤にしていて……気が付いたら、私も涙を流していました」（清水）

全国大会の金賞受賞は、金原以来一〇年ぶり。トーエネックにとって金原が四人目、清水が五人目の金賞であり、歴代でも記録に残る快挙となった。この喜びの日は、同時に、国際大会への出場という新たな戦いの始まりの日でもあった。

先に結果を書いておくと、二〇一九年八月二二日から二七日にかけて、ロシア連邦のカザンで開催された「第四五回技能五輪国際大会」における清水の成績は第六位タイ。敢闘賞であった。

「何しろ、前回国際大会に出場したのは二二年前。私が物心つくかどうか、清水に至っては生まれる前の話ですから、当然、当時のことなど何もわかりません。

社内にも、当時を詳しく知っている人はいませんから、準備をするといっても、インターネットなどで一つひとつ調べていかなければなりませんでした。

それも、全国大会が一一月で、国際大会は翌年八月ですから正味一〇カ月もありません。何度も出場しているような会社だと、全国大会前から準備していて、現地の視察などもしていたと聞きましたが、うちは全国大会後のスタートでしたから、練習環境を整えるまでに二カ月もかかってしまいました」（金原）

国際大会に向け特訓する様子

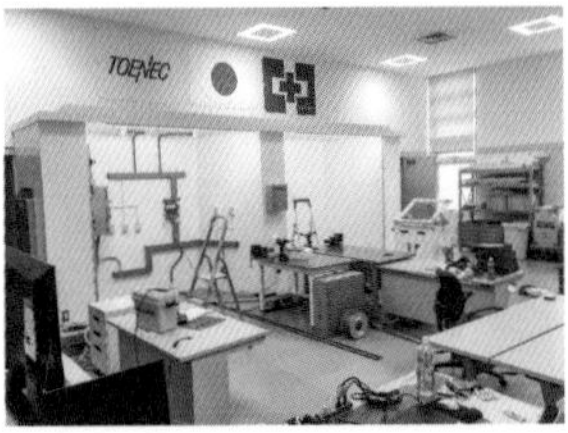

国際大会用の練習場

それでも、今回は、日本を代表しての参加となる。全国大会で清水に敗退していったライバルたちのためにも、恥ずかしい戦いはできない。

「図面から競技中の注意事項まで、国際大会ではすべてが英語です。おまけに工具や材料は海外製。日本で使っているものは現地ではほぼ使えない状態でした。そういうところから準備していったのですから、しんどかったですね。海外製の材料を注文しても、届くまでに一カ月近くかかるので、最初は日本製の配管やボックスを使って練習していました。結局、本番同様の環境で、初めから通しで練習できるようになったのは、六月頃。残り二カ月を切っていました。スタートしたと思ったらすぐにラストスパートという感じでした」（清水）

本番の国際大会では四日間かけて競技が行なわれるが、練習も四日に分けてしまうと回数がこなせないので、これを二日間に凝縮した。一日目は一〇時間ぶっ通し、二日目も五時間で、この一日半の練習を通しで一カ月間続けることになった。

本番のタイムテーブルに慣れるために、作業時間と休憩時間は同じように設定した。

「休憩の合図とともに、作品の隣に用意しておいたマットに倒れ込んでいくんです。見れば寝てしまっていたときもあった。そして時間になると再び立ち上がり、課題に向かう……。真剣に彼の体が心配で『明日休むか？』と聞いても、『いえ、やります』って言うんですよ」（金原）

「正直、死ぬかと思いました（苦笑）」（清水）

本番までのカウントダウンが進む中、毎日、新しい課題に挑戦しては試行錯誤を繰り返す毎日であった。国内での大会の時のように、「とりあえず、何とかなる」とは到底思えない状況で、時間はいくらあっても足らなかった。

「どんな課題が出されるのか、どんな材料や工具を使うことになるのか、とにかく本番は、何が待ち受けているかわかりませんでした。そんな状況へ向かって行こうとする清水に、少しでも自信を持たせたい、その一心でした。海外で使われている製品や材料、工具などを見つけ出しては一つでも多くそれを清水に触らせました。また、国際大会に出ることになってから、過去に出場した方にアドバイスを受けに行ったところ、海外では、日本国内ではほとんど普及していない電気設備の制御プログラムが一般的に使われていることや、それを理解していないと、ほぼ間違いなく完成できないことを教わり、とにかくスタートラインに立てなければ勝負にならないと、そういったプログラムの講習会に参加したり、社内で話を聞いてみたら、技術研究開発部研究開発グループの高橋和宏研究主査がその辺に詳しいと聞き、急きょコーチを引き受けてもらい、マンツーマンで指導にあたってもらったりと、清水のために、やれることは何でもやりました」（金原）

「ぶっ通しの練習の毎日でフラフラになっている自分に、金原さんは、明日は休んで良いと

高橋研究主査（右）に指導を受ける清水

言ってくれましたが、休んでる時間があれば一つでも新しい練習ができる、その思いが強く、休む気になれませんでした。とにかく一分一秒でも時間が惜しくて、使える時間はすべて練習につぎ込もうと思って臨みました。だって僕にとってこのチャンスは一生に一度のことでしたから。これが一生続くと思えば休みもとろうかと思いますが、八月までのことですから。この数カ月に自分の持ってるもの、例えば気力だったり、体力だったり、集中力だったり、とにかくありとあらゆる持てる力をすべて注ごうと決めていたので、眠かったり、体が疲れたなって言う感覚はありましたが、不思議と気持ちの面では冴えわたっていたように思います」（清水）

こうして八月、金原と清水をはじめトーエネックのメンバーはロシアの地に立ったのである。清水達に取材のために同行した広報グループの主任である桂木翔太が言うには「皆、意外とリラックスしていました。清水さんに心境を聞いたら『十分な準備ができたのかと言われれば、決して十分ではないかもしれない。でも、会社として最高のバックアップをして送り出してくれたし、自分としてもそれに応えるために、やれるだけのことはやってきた。今は人生でたった一度の瞬間における緊張感とワクワク感をおもいっきり楽しみたい』と嬉しそうに話してくれました」とのことだ。

大会の映像を見せてもらった。大勢の外国人ギャラリーが見守る中、黙々と目の前の課題に臨む清水の姿があった。大丈夫だ、いいぞ、俺はやれている。そう自分に言い聞かせ自らを鼓舞しているようにも見えたが、決して笑顔や余裕そうな表情を見せることは無かった。しかし、競技終了の合図が会場に高らかに響いた瞬間、清水の顔が破顔する、そこに浮かんだ表情は、ゴールテープを切ったアスリートのそれと同じであった。

英語の課題、国内では触れる機会の少ないシステムや、触ったことのない材料、限られた時間、周囲からのプレッシャー、ここまでやってきた清水の道のりは、決して平らなものではなかったはずだ。

とはいえ、国際大会そのものについては「楽しかった」と清水は言い切った。

「日本代表として開会式に出て、オリンピックみたいに日本の旗を振って、何万人といる会場の中を歩いて、楽しかったですね。ロシアでの二週間はすごく充実していました。日本選手団とも仲良くなって、他職種の代表選手とも話をして、その業種なりのいろいろな苦労話も聞けました。それと、電工職種の海外の選手の作品や作業の様子を見て、勉強になりました。私の会社人生に今後、大きな影響を与えるほどの経験ができました。そこでの経験は、私の生涯の宝物になりました」（清水）

結果は前述の通り、六位タイの敢闘賞で、清水の現役選手生活は終了した。早生まれの清水は、年齢的にはまだ二三歳以下なのだが、国際大会に出場した選手は全国大会への出場資

国際大会の開会式

日本選手団とともに入場する清水（中央）

格を失効する。清水自身も「もう完全に出しきった」と語っている。

「選手はもう終わりで、指導する側に回ります。今、練習を見ていて、一人有望そうな若い選手がいます。その選手を自分が指導したら、果たしてちゃんと育てていくことができるのだろうかと思います。

私の場合、最初は、同期の中でいちばん下手だったんです。でも、下手は下手なりにひたすら練習して、できることを一つずつ増やしていったという感じです。

私の指導に当たってくださったのがものすごい鬼コーチで、その方に一から全部たたき込まれました。でも、一方的に押し付けるような指導じゃなくて、私が『なぜですか？』と質問したり、こう思うと意見すればきちんと答えてくれて、答えが出ないときには一緒になって考えてくれました。私もできれば、そういう、選手が言いたいことが言える、そして、選手の気持ちにきちんと向き合える存在になりたいですね。自分に同じことができるかどうかはわかりませんが、下手な人間の気持ちがわかるということは自分の強みだと思っています。

それと、現役の選手たちには、やり方やコツを教えてあげることはできるけれど、本番で手伝ってあげることはできない。本番はたった一人での孤独な戦いとなる。だから自分で考える力をつけていかなくちゃダメだと伝えています」（清水）

清水の場合、国際大会に出場経験があるというのは、金原にはない大きなアドバンテージであると言える。今後、コーチとして後進の指導に当たっていく上で、この経験をうまく活かしていくことができれば、二連覇、三連覇をめざすこともできるに違いない。トーエネックでは、この教育センターだけでなく、社内や現場のあちらこちらで、金原と清水のような技術のリレーが続けられている。

「よく周りの方から『何で技能五輪に挑戦しているの?』と聞かれます。その問い掛けに選手たちは『強い精神力を養うため』とか『自分の技術力を上げるため』などと答えています。彼らの答えは間違いじゃないんですが、私は、肝心なのはその先にあるものだと思います。私たちが技術力を上げて良い仕事をするのは誰のためか? それは、お客さまに喜んでいただくためです。そこを忘れちゃいけないってことを、私も実は選手の頃に先輩から言われて、ハッと気付かされました。受け売りなんかじゃなく、大事なこととして、清水たちにもこのことを次の世代に伝えていってほしい。誰かのために何かに挑む人は、何もないところへがむしゃらに突き進む人より絶対、強いです」(金原)

現場で働く女性を育てる

今回の技能五輪の取材の中で、もう一つの人材育成の場面に出合った。トーエネックでは、技能五輪のような競技を通じて技術力を磨く人材育成と一緒に、現場で働く女性社員の育成にも取り組んでいる。それも、男性に混じって自ら工具を手に配線や配管などを行なう女性社員だ。

先述の清水たち五輪選手が訓練を行なう傍らで、彼らと同じようにあざやかな手さばきで工具を使い、配線課題に取り組む女性社員がいた。金原に聞くと、三年前からトーエネックでは、電気工事の現場作業を志す女性を採用し、技能五輪の選手たちに近い環境の中で、一緒に育成しているのだという。

男女雇用機会均等法が施行されてすでに三〇年以上がたつ。ありとあらゆる業種・職種が女性に門戸を開き、女性の社会進出が進んでいる中で、現場作業員の中にも女性の姿を見かけるようになってきた。近年は、男性の作業員と同じように作業をこなし、男性以上に優秀な成績を収めている者も珍しくなくなった。

トーエネックも例外ではなく、二〇一七年には名古屋市より「女性の活躍推進企業」の認定を受けている。そんな背景から、現場勤務を希望する女性社員は少しずつ増え始めている。

二〇一九（平成三一）年四月の新卒採用者である営業本部内線統括部施工グループの黒田美紺もその一人だ。

地元である愛知県岡崎市出身の黒田は、高校二年生のとき、愛知県が主催する「技の探究講座」に参加した。同講座は、将来の愛知県の産業を担う若い世代を育成するために、ものづくりの技術・技能などの特定の分野に興味・関心と優れた資質を持つ地元の高校生に対し、企業内の訓練施設において産業界のニーズを踏まえた高度で実践的な技術・技能を習得する講座を実施する、というもので、豊田自動織機やデンソー、中部電力など愛知県内の名だたる企業が協賛企業として名を連ね、「溶接」、「旋盤」、「電気」など、さまざまなものづくりの技術・技能を体験学習することができる。トーエネックも協賛企業の一員として、大同町の教育センター内に高校生たちを受け入れ、見学や体験学習の場として提供している。

工業高校の電気科出身の親戚を持ち、自身も電気科に進学した黒田は、夏休みに開催された体験学習で教育センターを訪れた高校生の一人であり、そのときの印象から、一年後の就職活動ではトーエネックを志望先として考えたのだという。

「将来は現場に出て施工担当として働き、やがては現場監督などの仕事もできるようになりたいと考えて入社しました」(黒田)

とはいえ、現場の施工担当や監督などの仕事は、いまだに昔ながらの男性社会というイメージが強い。黒田自身は、特に抵抗は感じなかったと言うが、彼女の母親などはやはり心配している様子であったそうだ。

一方で、出身校がもともと女子生徒の少ない工業高校ということもあり、女子の級友は少

営業本部 内線統括部
施工グループ 黒田美紺

高校時代に教育センターを訪れた時の黒田

なかったが、その一人と就職先について意見を交換したところ、彼女は黒田の考えを尊重し、応援してくれたという。その級友は別の会社に就職することになったが、結局、両親もあなたの人生なんだからと後押ししてくれ、トーエネックに入社した。

黒田は、先述の清水たち技能五輪選手と一緒に訓練を行なっているが、その目的は少々異なっている。技能五輪選手は大会のために訓練を積み、選手引退後は現場で管理・監督業務に就く者が多いが、黒田は現場で実際に職人と一緒に電気設備工事を行なうために、その技術を身に付けているのだ。現場で作業をするといっても、第一章に登場した電柱に登って工事を行なう社員とは異なり、黒田はビルや工場などの屋内で電気設備工事を行なう。

現在、トーエネックには黒田のように工事業務に従事する女性社員は数名おり、その全員が屋内での電気設備工事に携わっている。皆、現場で働くことを希望して入社している。

「現場では男女は関係なく、男性と同じ仕事を、同じ作業時間内にやらなければならないので、体力であったり、スピードであったり、いろいろ厳しいものはあると思います。どうしても、男性に比べて時間がかかってしまう部分はあります。でも、いかにきれいに作れるか、丁寧に仕上げられるかは男女関係ありませんから、私はそういうところにこだわってやっています」（黒田）

黒田は技術競技会にも出場し、優良賞を受賞した

そんな黒田に、現場へ出る不安がないかと尋ねてみた。

「不安よりも、一日も早く現場に出たいという気持ちが大きいです。今までの訓練で培ってきたものを、早く現場に出て実践したいです」

トーエネックでは、後述する人事部のいきいき人材活躍推進グループ長を務める北村利香をはじめとする女性管理職や、現場で活躍する女性社員もいる。そうした憧れの先輩たちを目標として、自分も少しでも近づきたいと黒田は言う。

女性が現場の仕事をすることについては、環境の整備や周囲で働く者の理解などが進んでいるとはいえ、まだ十分とは言えないかもしれない。だが、黒田のような女性社員がさまざまなフィールドで活躍していくことによって、少しずつ向上し、その輪が広がっていくに違いない。

技能五輪、女性社員の育成、ここで紹介したのは、トーエネックのさまざまな人材育成プログラムのほんの一例である。教育センターで指導されているのは、当然、実際の現場作業に必要な技術である。しかし、技術の指導とともに伝えられているものがある。それは、同社にとって今も昔も変わることなく大切に受け継がれているもの、そう、お客さまにより良いものを提供したい、ただただそのために、己を磨き、技術を磨こうとする熱いハートである。

第四章

社会を支え、暮らしを守る一〇〇年企業へ

1. 今までも、これからも変わらぬ取り組み

トーエネック一〇〇周年に向けて

トーエネックは、創立七五周年の節目を迎えた。創立七五年といえば三四半世紀だ。老舗と呼んでもいいだろう。だが、このように変化が目まぐるしい昨今の経済環境の中で、老舗の看板を守り続けていくのは、一朝一夕には築き上げることのできない強固な基盤と、変化に対応し続ける柔軟さを持ち合わせていなければならない。その二つを持ち合わせていることを証明するのが、トーエネックが次の世紀に向けて社を挙げ取り組んでいる二つの施策だ。第一に「安全」、次に「働き方改革」と「変革」だ。

代表取締役社長・社長執行役員である大野智彦にトーエネックへの最後の取材として、現在の課題とその未来像について話を聞いた。

「創立七五周年といっても、それはあくまで途中経過であって、この先、創立一〇〇周年に向かって、一世紀企業といいますか、一〇〇年続く企業をめざさなければ数年先の存続も成し得ないと思っています。

代表取締役社長 社長執行役員
大野智彦

その中で私たちはまず変わらなければなりません。

社員の変わろうとする努力が好業績に繋がると信じています。

配電線工事では、工事量が減少する中、工事計画の強化などにより高い能率を維持しました。車両や機材の保有台数の精査などにより、原価削減ができました。

机上業務・現場作業の「かいぜん」を絶え間なく行なった皆さんの努力の賜物です。

次に、一般工事では、製造業を中心とした受注拡大や電気と空調管の一体営業、工程管理による効率化など、皆さん一人ひとりが工夫し、努力を続けてくれています。

二〇一九年に引退した野球のイチロー選手は、変わることについてこんな言葉を残しています。

『僕は変わることがまったく怖くない。形が決まるということは、自分ではこれ以上ないということに繋がりますから……そんなことはあり得ないんです』

現状維持に固執しては、変化に対応できず、成長もできません。これは、企業も同じです。時代は常に変わっています。

現在、新中期経営計画を策定していますが、中長期的な取り組みを織り込み、当社のあり方を変えていこうと思っています。

働き方改革も、知恵を出し、いい方向に変わるチャンスです。

時代の変化に対応して、一人ひとりが会社とともに成長し続けていきたいと考えています。そして、何かを成し遂げようとするためには、一つひとつの地道な積み重ねでしか成し遂げられない、ということです。

イチロー選手は次のようなことも言っています。

『結局は、細かいことを積み重ねることでしか頂上に行けない。それ以外にはないということですね』

『四〇〇〇本打つには三九九九本が必要なわけで、四〇〇〇本目のヒットも、それ以外のヒットも、同じように大切なものであると言えます』

いきなり大きな成果を上げられる企業はありません。

社員一人ひとりの仕事の一つひとつが積み重なって、大きな成果になっていきます。社員一人ひとりが積み重ねてきたものを守るためにも、一つひとつの仕事を大切にし、一歩一歩前進していくことがトーエネックの現在の課題といえるでしょう」

事故を起こすような会社に暮らしを支える資格はない

当社の基本は、社会インフラを、つまりは暮らしを支える企業です。その基本である「安全・安心」を何よりも大切にしていくことが大事だと考えています。

この安全と安心には、当社に仕事を任せてくださったお客さまにそう感じていただくという意味と、もう一つ、当社で働く社員にそう感じてほしいという二面を持っています。

安全について言えば、本書でも取材されている『安全創造館』のエピソードの中で詳しく触れられていますが、安全は我々の仕事においては永遠のテーマです。

事故を起こすような会社には、暮らしを支える資格はない。

そこで、私は常に『安全はすべてに優先する』ということを言い続けておりますが、ほんの一瞬の隙をついて事故は起こります。その一瞬がないという人はいません。クルマの運転でもそうですが、一生無事故という人が果たして何人いるでしょうか。ほんのささいなこと、例えば、バンパーをこすったくらいのことは誰にでもあるでしょう。しかし、我々の仕事は違います。電気の場合は、そのほんのささいなたった一度が命に関わることもあります。そこで労働災害の根絶をめざして安全創造館を造りました。しかし、だからといって、それが当社の安全を担保するわけではありません。やはり、永遠の課題です。

働き方改革

働き方改革についても安全と同じように、暮らしを支える企業であるという、基本を大切にしたうえでの取り組みがなくてはなりません。

例えば、当社の配電部門の人間は、台風のときに深夜や早朝にかかわらず出勤して、復旧に当たります。彼らにとってはそれが当たり前であり、世間の皆さんのご期待に応えるためには必要なことで、トーエネックがそういう企業であることは事実です。そのために、結果的に早朝から深夜までの長時間労働、泊まり込みや休日返上ということも当たり前にやってきたわけです。

しかし、実際に現場で働くのは生身の人間ですから、当然、彼らの体のことが心配です。適切な人員配置、協力企業との連携が非常に大きな課題であると認識しています。

これは配電部門だけでなく、内線部門も同じことです。

我々設備工事は、建設工事全体のプロセスの一部としてやっておりますから、全体工程が遅れたりすると、決められた工期の中で収めるために、どこかで挽回する必要があります。一時的にものすごい仕事量が集中することになります。

でもここで忘れてはいけないのは、工事をやっているのは、やはり生身の人間であるという点です。彼らが自分の生活から何まで、それこそすべてをささげてしまうようではいけないのです。全身全霊をかけてやるのとは意味が違います。ですから、当社をはじめ、請負で仕事をするすべての企業にとって、働き方改革は本当に大切な取り組みだと思います」

朝、現場へ出て行く社員を見送る大野

経営トップとして、大野は働き方改革について、どのような対策を考えているのだろうか。世の中には、例えば、定時になったら強制的にパソコンの電源を落とすとか、オフィスの照明を落とすといった方法で、労働時間短縮をめざしているという企業も少なくない。しかし、大野は、そうした小手先の働き方改革に対して、きわめて批判的だ。

「オフィスの照明を落としたり、会社に入れなくするような対策は、それはそれで一時的には効果があるかもしれませんが、根本的な問題の解決にはなりませんよね。

そうした対策は、実際に働いている人のことを考えているとは思えないんです。

現在、当社では、私自身が委員長になって、社内に『働き方改革推進委員会』というものを立ち上げました。法律を守るのはもちろんのこと、働く人を守るための取り組みを進めるための委員会です。遠回りではあるかもしれませんが、私が考えているのは、休むことに価値を見いだせるような、休んで仕事を離れることが自分にとってプラスになることなんだと実感してもらうことが、働き方改革のあり方なんじゃないかと思っています。

何も休みに特別なことをやらなくてもいいんです。

たまには目覚ましなしで自然と目が覚めるまで寝ていてもいいんじゃないですか。大好きなものを腹いっぱい食べる——そんなささいなことでもいいので、一度仕事から離してみると、むしろそこから仕事でのアイデアや活力が生まれてくるんじゃないかと思います。それが少しずつでも実感できるようになれば、強制なんてしなくても自然と変わっていくと思うんです」

自分の休み、自分の時間を持つことが、自分にとって良いことだと思えるようになれば、おのずから「今日は休もう」とか「今日は早く帰ろう」と考え、行動するようになる。

休むと決めたら仕事用のスマートフォンは持ち歩かないようにする。そうして、少しでもいいので、自らを完全なオフの状態にすることが大事なのだと大野は言う。

「私個人の話になりますが、私の場合、基本的に休日はスマートフォンを見ないようにしています。さすがに、災害の情報であるとか、あるいはどなたかの訃報であるとか、そういう緊急の連絡が入ってくることもあるので、電源オフにはできませんけど。そうやって自分の中で区切りをつけていかないと、本当に休んだとは言えないと思います」

トーエネックは男性管理職が支配する会社になってはいけない

トーエネックが「安全」、「働き方改革」とともに重要な取り組みとしているのが、先述したように「変革」である。その中で大きな力を入れているのが、ダイバーシティである。

「男性管理職は、性別など関係なく、部下一人ひとりを公平に評価しなければならない。また、女性社員は、『女の私が管理職になるわけがない』という考えは寂しいし、決してそのようなことはない。『私が課長になったらこうしたい』とか『いつかは部長になろう』

というビジョンを持って仕事をしていただきたい」――大野は、二〇一七（平成二九）年の社長就任時の社員に対するスピーチの中で、ダイバーシティへの取り組みについてこのように言及している。

「男性が現場の中心」というイメージの強いトーエネックにおけるダイバーシティへの取り組み、大変に面白いテーマだと思い、詳しく大野の考えるところを聞いてみた。

「中部電力にいた頃、たぶん一〇年くらい前の話ですが、ある女性管理職と話をしたことがあります。そのときに『副社長（大野の役職名・当時）、女性活躍、女性活躍と言いますけど、女性はもともと活躍していますよ』と言われたことがあるんです。

確かにその通りだと思いましたよ。本当にその通りだと。考えてみると『女性活躍』という言葉は、女性が今まで活躍していなかったみたいですよね。決してそうじゃない。彼女と話して気付きました。それ以来、私は女性活躍という言葉は使わずに、多様な人材が活躍するという意味を込めて『ダイバーシティ』という言い方をするようにしています。

もし管理職が、男性目線で部下を評価すると、どんなことが起こるか？

例えば、男女ＡＢの社員が職場にいるとしましょう。二人とも結婚しています。どちらかと言えば女性のＢさんのほうが職場で実績が高いとします。

二人のうちどちらかをステップアップのチャンスとして転勤させる話が持ち上がったときに、二人とも同じような家庭環境にあるのに、女性だからという理由で男性社員にチャンスを与えたとしたら、結果的にBさんが成長するチャンスを奪っているわけです。

このような人事が繰り返された結果、A社員がキャリアを積んで管理職になる一方で、女性のB社員はずっと評価をされないまま、同じような仕事させられることになる。こんなことは絶対にあってはならないと思っています」

女性側の意識もまた、変えていく必要がある。大野は「男性社員は男性の上司を見て、『自分がその立場になったらこうする』と、自分がそうなることをイメージできるのに対して、女性社員は、女性の上司がいなければ、自分の将来に置き換えてイメージを持つことができず、将来像も描けない」と指摘する。

女性の意識や考え方を変えるには、実在するロールモデルをつくるのがいちばんの早道——というのが大野の考えだ。実際に、女性が課長や部長になることで、それを見た女性社員たちが「自分もああなりたい」、「自分だったらもっとこうする」と思うようになる。

そして、紹介してくれたのが、現在、人事部のいきいき人材活躍推進グループ長を務める北村利香である。

北村は一九八九（平成元）年四月、高校を卒業して当時の東海電気工事に入社。同年一〇月に社名変更されたトーエネックの第一期生とも言える。

愛知県出身の北村にとってはなじみのある地元の会社であり、昔から自宅の近所で作業車などを見かけることもあったそうだ。入社後、配電部門に配属された北村は、主に現場に近い配電線工事に関する管理業務に携わってきた。当然、周囲は男性ばかりの職場環境であったが、丁寧な仕事ぶりと人当たりのよい性格で周囲から信頼を得てきた。

そんな彼女に転機が訪れたのが二〇一五（平成二七）年七月——人事部内にダイバーシティ推進に向けた「いきいき人材活躍推進グループ」が発足することになり、そのリーダーとして北村に白羽の矢が立ったのである。

北村について語る大野は実に誇らしげだ。

「北村は本社へ異動してきて管理職に就いたんですが、社内では当時、彼女が四人目の女性管理職でした。それから四年たって、今は全社に一一名の女性管理職が誕生しています。

北村も異動の辞令を受け取ったときは、さすがに驚いたようです。今まで彼女が働いてきたところとは、まったく畑違いで、なおかつ新しくできる部署だったわけですからね。

本人も大変に苦労したようですが、何よりも私が嬉しかったのは、『大野社長がおっしゃる通り、とにかく会社の女性社員が私を見て、自分と照らし合わせてくれたらよいと思います』と言ってくれていることです」

人事部 いきいき人材活躍推進グループ長　北村利香

「私に闘志の炎を燃やしてください」

実際に北村に会いたいと思い、いきいき人材活躍推進グループを訪問し話を聞いてみた。

北村は微笑みながら私の質問に答えてくれた。

「私に憧れ？　そんなとんでもない！私を見て、自分だったらもっと良い仕事ができるのにって、闘志を燃やしてくれる女性がどんどん出てきてほしいです。こっちだって受けて立つわ――って張り合いが出ます」

いきいき人材活躍推進グループによるダイバーシティ推進の取り組みは、主に「女性の活躍推進」と「障がい者の雇用促進」、「誰もが働きやすい職場づくり」の三つである。

これまでの活動内容について、「女性の活躍推進」に関しては、この四年間で女性管理職が約三倍に増えたこともあり、彼女たちとネットワークをつくって日頃からさまざまな情報交換を行なっているという。また、女性リーダー研修を開催し、「男性社員が多い当社にあっていかに実力を発揮するか」などのテーマで意見交換を行なっている。研修の場には現職の女性管理職の他、未来の管理職をめざす女性社員も参加しているという。

「障がい者の雇用促進」については、障がいがある人も職場で活躍できるように社内での情報交換を積極的に行ない、具体的に障がい者を採用した部署での事例を共有したり、採用に向けての合同面接会の情報を提供するなどしている。

「誰もが働きやすい職場づくり」については、社員に対し、育児や介護に関する知識を広めるために、さまざまなセミナーを開催している。

この他、自身も二児の母親である北村は、「男性の育児休暇取得の推進」や「産後の職場復帰支援」などにも力を入れている。社内報やイントラネットの他、「ダイバーシティ活動報告書」というペーパーを定期的に発行し、継続的に情報発信している。

「こういった活動を始めてから、改めて気付いたことがあります。皆さんそれぞれ違うということです。考え方だったり、目の前の悩みや毎日の生活だったり……そんなの当たり前だろうと言われるかもしれませんが、意外と皆さん、自分のことに精いっぱいで、その当たり前のことに気付けなくなっている方が多いのではないでしょうか。

社内セミナーなどを開催する中で、私たちのグループが常に発信しているのは、情報だけではなく、お互いの違うところを尊重し、相手のことを気遣いましょう、ということです。

自分にとって常識だと思うことが相手にとってそうではないかもしれない、と考える。もし、自分が悩みを抱えていたら、目の前の同僚も何か悩んでいることってないのかな、と思いやる（悩みがあるときはそんな余裕はないかもしれないので、自分の悩みが解決してからでいいです）。仲間同士、ほんの少しでもそんなふうに相手のことを思いやることができたら、それってすごいパワーに繋がると思うんです。きっといつか大きな何かに繋がると信じて、今はこつこつそこへ向けて布石を打ち続けています」（北村）

社長から社員まで、同じ思いを胸に持つ会社

あえて、北村の言葉を紹介したのは、ダイバーシティの取り組みを紹介したかったからだけではない。本章の冒頭で大野が語ってくれている工事や作業の現場ばかりではなく、現場をバックから支える本社オフィスでも「一人ひとりが工夫し、努力を続けてくれている」と社長自らが語った一〇〇周年に向けての柔軟な変革の事実を伝えたかったからである。

私は大野の変革をめざす姿に、大野が親会社の経営者の一人としてやってきたわけではなく、現場で作業する社員と同じ思いでいる、同じ根っこのようなものを感じた。

それはもう使い古された言葉であるかもしれない、しかし、誰もが聞いたことのある「電力マン」という矜持だ。

電力で社会を支え暮らしを守ることを自らの使命としてきた、同じ世界で生きてきた同志だからこそ、わかり合える、共有できる思いがトーエネックという会社全体を動かしているのではないだろうか。

安全、働き方改革、ダイバーシティ、これらはトーエネックにとって、将来を大きく左右する大きな課題であるが、これからのトーエネックの行く手には、避けては通れない課題が山積していると言ってもいいだろう。

そもそも今の時代が、これまでの経験や常識が通用しない荒波なのだ。

さらに、トーエネックが身を置く電力業界は、「電力システム改革*」という、かつてない大きな変化の真っただ中にある。トーエネックが進む先には、これから何が待ち受けているのだろうか。計り知れない。（＊政府が電力の完全自由化に向け段階的に進める改革）

だが、大野智彦社長をはじめ、社員たちの表情に暗さはみじんもない。

「トーエネックは創立以来、安全はもとより、お客さまからの信頼、時代を先取る技術、そして従業員一人ひとりの幸福について、追い求めてきました。

今後も、社会を支え暮らしを守る一〇〇年企業を目指し、原点に立ち戻り、経営理念にある「①社会のニーズに応える快適環境の創造、②未来をみつめ独自性を誇りうる技術の展開、③考え挑戦するいきいき人間企業の実現」に向けて、〝快適以上を、世の中へ。〟の合言葉を胸に全社一丸となって一歩一歩確実に前進し成長を続けていきます」

大野の胸にも、社員の胸にも、社会を支え、暮らしを守ろうという思いが、これまでも、そしてこれからも変わることなく灯し続けられていくことだろう。

おわりに

「お父さんのお仕事ってどんなお仕事?」
「ママの会社ってなんの会社?」

複雑化する事業連携や働き方改革が進む現場の中で、こうした子どもたちからの質問に、きちんと答えられるお父さんやお母さんはどのくらいいるだろうか。昔に比べれば、トーエネックの社員たちも自身の会社のことや仕事のことを説明するのは大変になってきているはずだ。事業の拡大、業務や作業内容の進化はトーエネックにも押し寄せている。

私は、こうした企業取材の書籍を作らせていただく時、働く人々の思いを残すことを第一の目標としている。そして、著者として最高の感想は、その会社で働く社員の方のご家族が「この本を読んでお父さんの会社のことがよくわかったよ」、「お父さんの会社って、社会のためにはなくてはならない会社なんだね」と言っていただくことだ。

これまで、二〇〇七年に上梓した『絆の翼　チームだから強い、ANAのスゴさの秘密』から企業取材をまとめた書籍も今回で九冊目となる。すべての社員の方とそのご家族が喜んでいただけたかどうかはわからないが、取材・刊行させていただいた企業のすべての社員の方たちにこれだけは申し上げておきたい。

「あなたとあなたの会社、あなたを支えてくれる家族は、平和な世界、心豊かな社会ための大切な礎です」と。

そして、トーエネックの社員の皆さまに「社会を支え、みんなの暮らしを守ってくれてありがとう」と心から感謝の言葉を贈らせていただきたい。

最後に、本書の取材にあたり、大変なご協力をいただいたトーエネックの皆さまに心より御礼を申し上げます。

著者

年	トーエネックの出来事	世の中の出来事
1944年	10月1日 東海電気工事株式会社を創立 10月6日 東京支店設置	終戦
1947年	3月1日 大阪出張所を支社に昇格	日本国憲法公布
1954年	4月1日 社旗制定	ベトナム戦争 伊勢湾台風
1965年	9月19日 本社新社屋・健保会館が完成	東京オリンピック
1969年	10月1日 創立25周年	ドルショック
1970年	4月2日 東海電気工事職業訓練校が開校	大阪万博
1972年	2月1日 株式を名古屋・東京・大阪各証券取引所二部から一部に上場指定	石油ショック
1989年	10月1日 「株式会社トーエネック」と社名変更	平成スタート 消費税施行
1990年	9月1日 本館別館が完成	バブル崩壊

▲1969年 創立25周年記念式典

▲1944年 創立当時の本社社屋

▲1965年 完成した新社屋

▲1989年 社名変更

90年 別館

主な工事の実績

▲1955年
名古屋テレビ塔

▲1956年 オリエンタルビル
（名古屋三越）

▲1971年 中日新聞本社

84年
古屋空港旅客ターミナルビル

▲1959年
伊勢湾台風復旧作業

89年
導体耐張装置碍子連取替治具

1995年 10月26日 フィリピン現地法人を設立

12月9日 北京統一能科設計諮詢有限公司を設立

1996年 6月27日 タイ現地法人を設立

2003年 9月16日 中国現地法人を設立

2007年 3月8日 中部電力の連結子会社となる

10月1日 シーテックとの事業再編

2012年 11月19日 テクニカルフェアを初開催

2016年 2月29日 旭シンクロテック㈱を子会社化

2017年 10月2日 安全創造館を設立

2019年 10月1日 創立75周年

▲1994年 創立50周年記念

▲2012年 テクニカルフェア2012

▲2013年 トーエネック太陽光熊野発電所

▲2017年 安全創造館

携帯電話の普及が進む

阪神・淡路大震災

地下鉄サリン事件

東海豪雨

ニューヨーク同時多発テロ

愛知万博

リーマンショック

東日本大震災

国内全原発停止

太陽光発電の普及が進む

熊本地震

北海道地震

令和スタート

▲1996年 ナゴヤドーム

▲1996年
深圳ダイワンプロジェクト

▲1999年
JRセントラルタワーズ

▲2000年
東海豪雨復旧作業

▲2005年 中部国際空港セントレア

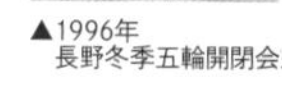

▲1996年
長野冬季五輪開閉会

▲2003年
汐留地区ビル街

▲2005年 愛知万博

▲2013年
グランフロント大阪

【著者】
岡田晴彦（おかだ・はるひこ）
1959年東京生まれ。1985年株式会社流行通信入社。『X-MEN』、『流行通信homme』の広告部門を担当、1995年退社後はフリーの編集者としてファッションブランドのマーケティングリサーチ、広告媒体の企画制作を担当、制作会社勤務を経て、2000年株式会社ダイヤモンド・セールス編集企画（現・ダイヤモンド・ビジネス企画）に入社、『ダイヤモンド・セールスマネジャー』・『ダイヤモンド・ビジョナリー』編集長を経て、2007年より同社取締役編集長。「ビジネスの現場にこそ、社会と人間の真実がある」がモットー。著書に『絆の翼　チームだから強い、ANAのスゴさの秘密』（2007年）、『テクノアメニティ』（2012年）、『陸に上がった日立造船』（2013年）、『復活を使命にした経営者』（2013年）、『ワンカップ大関は、なぜ、トップを走り続けることができるのか？』（共著・2014年）、『12人で「銀行」をつくってみた』（2017年）、『食（おいしい）は愛（うれしい）』（2018年）、『サラリーマンショコラティエ』（2018年）などがある。

現場に生きる
仕事への拘りと誇りを胸に

2020年2月19日　第1刷発行

著者 ―――― 岡田晴彦
発行 ―――― ダイヤモンド・ビジネス企画
〒104-0028
東京都中央区八重洲2-7-7 八重洲旭ビル2階
http://www.diamond-biz.co.jp/
電話 03-5205-7076(代表)

発売 ―――― ダイヤモンド社
〒150-8409　東京都渋谷区神宮前6-12-17
http://www.diamond.co.jp/
電話 03-5778-7240(販売)

編集制作 ―――― 岡田晴彦
制作進行 ―――― 駒宮綾子
企画原案 ―――― 若月優典
編集協力 ―――― 浦上史樹
装丁 ―――― BASE CREATIVE ,INC.
DTP ―――― 齋藤恭弘
撮影 ―――― 織田清隆(ODA-PHOTOGRAPHIC OFFICE.)
原田康雄(ケタケタスタジオ)
印刷・製本 ―――― 中央精版印刷

ISBN 978-4-478-08473-1